金属矿山复杂采空区探测技术

刘勇锋　马海涛　张兴凯　著

全书彩图请扫码

北　京

冶　金　工　业　出　版　社

2021

内 容 提 要

本书立足于金属矿山采空区综合探测技术的研究及应用，主要分析了金属矿山采空区的形成与特征，综合分析了电法、磁法、地震波、地质层析成像和三维激光等探测技术在金属矿山采空区的适用性，总结了各种方法的探测机理和特征，分析了探测参数优化处理手段和现场试验结果，并得到了基于采空区三维精确建模，实现了采空区的稳定性动态分析。

本书可供矿山安全及矿山勘探领域的科研、技术、管理人员阅读，也可供高等院校矿业类师生参考。

图书在版编目(CIP)数据

金属矿山复杂采空区探测技术/刘勇锋，马海涛，张兴凯著.—北京：冶金工业出版社，2021.12

ISBN 978-7-5024-9017-1

Ⅰ.①金… Ⅱ.①刘… ②马… ③张… Ⅲ.①金属矿—采空区—探测技术 Ⅳ.①TD85

中国版本图书馆 CIP 数据核字(2021)第 276300 号

金属矿山复杂采空区探测技术

出版发行	冶金工业出版社		**电　话**	(010)64027926
地　址	北京市东城区嵩祝院北巷 39 号		**邮　编**	100009
网　址	www.mip1953.com		**电子信箱**	service@ mip1953.com

责任编辑　曾　媛　美术编辑　彭子赫　版式设计　禹　蕊
责任校对　李　娜　责任印制　禹　蕊
三河市双峰印刷装订有限公司印刷
2021 年 12 月第 1 版，2021 年 12 月第 1 次印刷
710mm×1000mm　1/16；14.5 印张；285 千字；224 页
定价 89.00 元

投稿电话　(010)64027932　投稿信箱　tougao@cnmip.com.cn
营销中心电话　(010)64044283
冶金工业出版社天猫旗舰店　yjgycbs.tmall.com
(本书如有印装质量问题，本社营销中心负责退换)

前　言

《《《《《《《《《《《《《《《《《《《《《《《《《《《《《

矿产作为一种重要的资源，其开采形成的采空区由于历史的原因，大多未进行有效治理，大量采空区的存在致使矿山开采条件恶化，隐患资源量增加，可能引发井下大面积冒落、岩移、地表塌陷和空区突水等重大灾害。受限于地质工程和采矿工艺的复杂性，传统技术很难准确查清采空区的位置和形态，大多数探测方法仍旧无法达到生产安全的要求。其原因一是大多数采空区开采后发生垮落、塌冒或积水，人员无法进入，很难直接测量；二是受矿体赋存形态变化限制，采空区形态复杂，测量困难，很难圈定边界；三是众多历史封停小矿点遗留采空区无资料可查，采用现有探测手段很难准确查清采空区边界。因此，为减轻和预防由地下采空区所引发的地质灾害，探索用综合物探的方法探测采空区的分布，为评价和治理提供依据是十分迫切而有意义的。

本书立足于金属矿山采空区综合探测技术的研究及应用，主要分析了金属矿山采空区的形成与特征，综合分析了电法、磁法、地震波、地质层析成像和三维激光等方法在金属矿山采空区探测的适用性，总结了各种方法的探测机理和特征，分析了探测参数优化处理和现场试验结果，并得到了基于采空区三维精确建模，实现了采空区的稳定性动态分析。作者在全面总结以上项目研究成果的基础上，结合金属矿山采空区探测的特点写成本书，旨在指导矿山安全高效开采，为提高矿山开采本质安全水平，促进矿山安全生产和矿产资源利用可持续发展提供科技支撑。

本书在编写过程中，得到了行业专家的大力支持与帮助；书中引用了来自兄弟院校、科研单位、矿山企业的作者所发表和出版的教材、文献、设计手册等内容，在此一并表示感谢。

受编者水平所限，加之时间仓促，书中不妥之处在所难免，真诚希望读者提出改进意见，以便再版时能及时补充与修正。

作　者

2021 年 4 月

目　录

1　金属矿山采空区形成及特征

1.1　采空区的基本概念

1.1.1　采空区的定义和特征

在采矿研究和生产过程中，对于"采空区"的概念，是经常发生混淆的，也由此给矿山生产和科技文献的描述带来分歧和误会。因此，搞清楚"采空区"的内涵和外延，在行业内形成统一认识，并制定标准，实现行业内采空区地压灾害的标准化管理与控制，对于促进矿山行业安全具有积极意义。

"采空区"是矿山开采的专业术语，煤炭开采中也称"老塘""老窿"，金属矿山开采中也称"空区""空场"，外文资料中称为"goaf""gob""waste""abandoned mine""stoped-out area"等，《英汉汉英灾害科学词典》中称为"mined-out area""gob area""exhausted area"等。煤炭科技名词审定委员会于1997年发布的《煤炭科技名词（定义版）》，在"煤炭科技→煤矿开采→采煤方法"中规定，"采空区"是采煤后废弃的空间。冶金学名词审定委员会于2001年发布的《冶金学名词》，在"冶金学→采矿→矿山测量"中规定了"采空区处理"的英文对照名词为"stoped-out area handling"，但未对采空区进行定义和解释。《中国百科大辞典》中，解释"采空区"是由于采矿工作而遗留下来的各种形状和大小的空间。标准《矿山安全术语》（GB/T 15259—94）中规定"采空区"是井下采矿（煤）后所废弃的空间。而标准《矿山安全术语》（GB/T 15259—2008）中，更改了这一说法，定义"采空区"为采矿以后不再维护的地下和地面空间。百度百科中定义"采空区"，是由人为挖掘或者天然地质运动在地表下面产生的"空洞"。这个概念与地质勘察行业对"采空区"的认识是一致的。铁道部第三勘察设计院集团有限公司地质路基设计处发布的《采空区工程地质勘察设计实用手册》中认为"人们在地下大面积采矿或为了各类目的在地下挖掘后遗留下来的矿坑或洞穴"均为"采空区"。可见，在涉及"采空区"问题的地质、水电、公路、铁路、房建、规划、市政等非矿山行业，人们对"采空区"危害的认识主要集中在地表塌陷和沉降对地面建（构）筑物的破坏影响上，认为只要是地下发生过开采活动（包含但不限于采矿活动），遗留下的所有地下空间均视为"采空区"。由此可见，"采空区"具有广义和狭义两个概念。广义的"采空区"为人为在地下采挖的所有空间；狭义的"采空区"为采出矿体遗留的空间。由于"采空区"属于矿山开采专有名词，为了避免概念认同的差别，广义的"采空区"更适合被称为"地下空穴"，而在矿山行业，"因采矿活动而产生"才是"采空区"的第一特征。

金属矿采矿学中，没有权威著作明确解释过"采空区"的定义，转而更深入研究和解释的是"地压"的概念。实际上，在金属矿山开采中"地压"与"采空区"是不可分割的。比如，"采空区处理"也经常被称为是"地压管理"。采矿工程之所以重视"采空区"，根本原因在于它是"地压"灾害的始作俑者。"地压"在冶金行业英文为 ground pressure（冶金学名词审定委员会，2001），石油行业英文为 geopressure（石油名词审定委员会，1995），煤炭行业英文为 rock pressure（煤炭科技名词审定委员会，1997）。《中国冶金百科全书》中描述"大面积地压活动是大量采空区在短期内连续冒落的地压灾害，是影响矿山结构安全的主要因素之一"。《采矿学》中定义"地压"是指矿石采出来以后，在地下形成采空区，经过一段时间后，矿柱和上、下盘围岩就发生变形、破坏、崩落等现象，把这种现象叫地压。《岩石力学与工程》中定义狭义的地压"就是指围岩作用在支架上的压力。但这一概念并不完整，地下岩体因开挖所引起的力学效应有多种形式，如巷道顶底板或两帮的移近（也称为收敛 convergence）、底鼓（floor heaving）、围岩的微观或宏观破裂、岩层移动、片帮冒顶、支架破坏、采场垮落等，这些也都是地压表现"。标准《矿山安全术语》（GB/T 15259—94）中定义地压是"采掘引起的围岩内的力及作用于支护物上的力"，但在标准《矿山安全术语》（GB/T 15259—2008）中，修改为"地下采掘活动在井巷、硐室及采矿工作面周围矿（岩）体和人工支护物上引起的力"。《采矿手册》第四卷第 23 章中对于"地压"的定义更广泛被金属矿山行业的研究者所接受，"采场地压"是指回采工作面的矿体、围岩和矿柱的应力及其与采场内支护系统相互作用的应力场的总称。"地压"，从字面理解即"地层的压力"，因此，它是时时刻刻存在于岩石体中的。采矿过程中，地下采掘活动扰动了原岩体的应力平衡和岩石结构，采场工作面和围岩岩体内应力重新分布，使得局部区域发生了应力的集中，造成了岩石的移动、变形，直至破坏，如顶板冒落、矿柱压裂或倒塌、围岩开裂和片帮等现象。这种从采空区形成到地压显现的发展全过程，称为"地压活动"。而冒顶片帮、围岩开裂等现象不是"地压"，是地压引起的现象，称为"地压显现"或者"地压灾害"。如果对采场进行尾砂胶结充填并接顶后，消除了采矿后的采场空间，可以有效控制地压灾害，则不再是"采空区"；如果采用废石充填，接顶效果不理想，充填体不能有效支撑顶板，采空区依然存在，"地压活动"会依然发展。如果采空区顶板覆岩彻底崩落，与地表贯通，地压灾害解除，则不再是"采空区"；如果对采空区采用"开天窗"的方式消除冲击性灾害，大面积覆岩垮落的地压活动在"可控"状态下发展，则"采空区"依然存在。如果采空区长期存在，被水、泥、砂充满，一旦被揭露可能造成水砂突然涌出，造成淹井事故。可见，"可能诱发矿山灾害"是采空区在矿山生产中受到重视的根本原因。

那么"采空区"是否包括巷道、硐室等采矿工程呢？按照《煤炭科技名词（定义版)》和《矿山安全术语》（GB/T 15259—2008）的规定，所有采矿废弃的空间均为"采空区"。但这一概念并不适用于矿山企业生产管理。在煤矿实际生产中，布置在煤层中的进风、回风等巷道工程，随着煤层的回采，最终与采空区直接相通，或保护矿柱垮落后与采空区相通，因此认为在煤层中沿煤布置的巷道及硐室属于"采空区"，而在煤层矿床外的稳固岩层中布置的开拓巷道及硐室等工程不属于"采空区"（图1-1）。在金属矿山开采中，矿体形态千变万化，采矿方法、开拓布置等差异较大，生产矿井的技术人员在现场管理地压时，主要是控制采场地压，习惯性认为未被充填的采场是"采空区"，统计的采空区体积、采空区暴露面积，也是按照采场的体积、暴露面积进行计算的，巷道、硐室等不计入统计。因此，开拓工程、辅助巷道、硐室等不属于"采空区"（图1-2）。这一点，煤矿和金属矿山的认识是一致的。因此，对于生产矿井，"采空区"都应是采场内留下的、回采矿体形成的。"回采矿体后的空间"是采空区的第三特征。

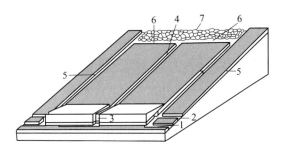

图1-1　单一倾斜长壁采煤法

1—运输平巷；2—回风平巷；3—煤仓；4—工作面运输斜巷；

5—工作面回风斜巷；6—工作面；7—采空区

当然，一些开挖面积较大的硐室、密集分布的巷道、大断面的井筒等工程，也会发生"地压活动"，甚至发生"地压灾害"。对于生产中的矿井，通过合理设计、加强支护、定期维护等方法可以确保井巷工程的安全，使之不发生"地压显现"，以维持矿山正常生产。如果矿井或采区废弃，这些井巷工程疏于维护，在地压作用下，久而久之会发生开裂、剥离、片落直至倒塌，并引起地表下沉，同时地下水位线以下的空间会逐渐积水，形成对附近区域开采作业的威胁，同"采空区"没有实质性区别。因此，从安全生产管理方面讲，废弃的巷道、硐室、井筒等工程，应纳入"采空区"管理。

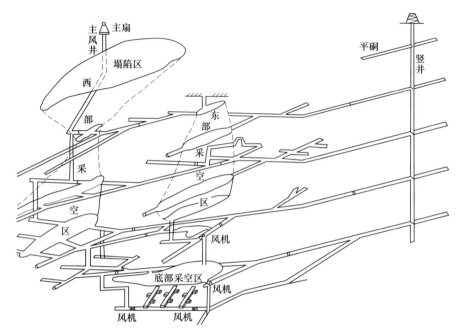

图 1-2　金属矿山井巷工程与采空区示意图

　　无论煤矿还是非煤矿，对于"采空区"的理解大致相同，但也存在各种细微的差别。相同的是，"采空区"均指采掘活动后产生的空间；不同的是，煤矿定义的"采空区"侧重于废弃的、不再维护的空间，即"弃掉的"才是采空区；而金属矿山定义的"采空区"则侧重于矿石采出后剩余的空间体积，即"开挖的"就是采空区。这是由于煤矿和金属矿山开采方法和岩层地质条件差异造成的。我国多采用壁式采煤法开采煤层，随着工作面的推进，采空区处理是采用垮落的方法，生产中认为，回采工作面推进后，因失去支撑而垮落的空间为"采空区"（图 1-3）。金属矿开采则更重视对矿体的开采和资源的回收，由于顶板较为稳固，暴露时间长，采场空间体积较大，因此只要是在采场内开采出的空间就被视为"采空区"（图 1-4）。同煤矿一样，随着回采工作面的不断变化，金属矿山

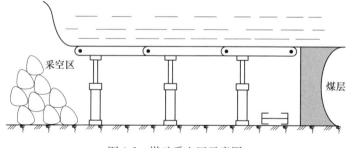

图 1-3　煤矿采空区示意图

采空区的空间位置、形态、体积也一直处于变化之中。已经回采完毕的采空区也因为在地压的长期作用下，岩层发生蠕变而不断冒落。可见，"随采矿作业而不断变化"是采空区的第四特征。

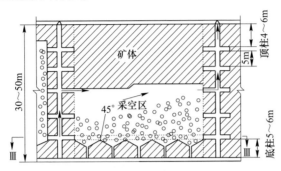

图 1-4 金属矿山采空区示意图

综上，生产矿井的"采空区"具备以下四个特征：
(1) 因采矿活动而产生；
(2) 可能诱发矿井灾害；
(3) 回采矿体后的空间；
(4) 随采矿作业而变化。

因此，"采空区"概念应归纳为：采矿活动中随矿石开采后留下的可能诱发矿山灾害的空间。包括两个层次：对于生产中的金属矿山，"采空区"就是"未被崩落或充填的采场"；对于废弃的金属矿山，"采空区"就是"地下所有井巷工程和采场"。

采空区不是单独存在的，多数矿山都留有大小不等的采空区。在空间上密集分布、相互影响、共同作用于顶板覆岩，形成相对独立群落的若干个采空区，称为"采空区群"。

采空区群主要是在一些薄脉状矿体的有色矿山、稀有金属及贵金属矿山，受矿体形态和采矿方法的限制，长期开采后往往形成密集分布的采空区群。例如，江西盘古山钨矿 1967 年 9 月发生大规模地压活动时，全矿 4 个中段 455 个采场采空区，瞬间塌落 337 个，造成山脊拦腰断裂，地表塌陷面积达 10 万平方米，矿山生产系统严重破坏，历时 3 年才恢复生产。此外，20 世纪 80 年代中期，受"大矿大开，小矿放开，有水快流"的错误思想指导，我国矿业秩序较为混乱，个体或小集体矿山利用落后的生产工具，无规划、无设计，私挖滥采，见矿挖矿，不加支护，采富留贫，严重破坏矿体，留下了现在形态复杂的民采采空区群（图 1-5）。例如，广东大宝山的倾斜厚大矿体，经民采破坏后，形成了 9 个相对独立的采空区群，内含几千个大小不等的采空区，总体积超过 180 万立方米，其中最大单体采空区体积超过 18 万立方米。

图 1-5   露天开采后揭露出的民采采空区群

　　采空区群有着非常复杂的空间形态，其破坏形式也明显不同于单个空区破坏的特点，在破坏中多伴随着"多米诺骨牌"效应，波及范围大，破坏力极强。采空区群的稳定性是一个区域性的系统工程，是众多采空区共同作用下形成的，在判断一个采空区的稳定性时，抛开临近采空区的地压影响往往会得到片面的结论。事实上，两个或多个临近的采空区，在各自的移动影响范围内互相叠加（图 1-6），会加速采空区各自的地压活动，可能引发更大的地压灾害。因此，地压控制的关键是对采空区进行处

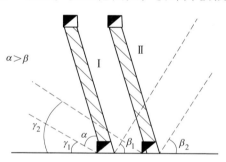

图 1-6   采空区群相互作用示意图

理，不是以防止单个采空区不冒落为目的，而应将整个采空区群作为一个整体看待，以防治大规模冲击性地压为根本出发点。

　　采空区群具有以下特点：

　　（1）由单体采空区组成；

　　（2）系统复杂，分布形态不规则；

　　（3）群内空区相互影响，共同作用于顶板覆岩；

　　（4）可能引发大规模冲击性地压。

1.1.2　采空区的类别及其特点

　　采空区的类型因矿体形态、规模、采矿方法、处理时间的不同而异。不同类

型的空区，其处理方法、危害情况等也有所区别。金属矿山采空区的类型大致有如下几种。

1.1.2.1 按采矿方法分类

采矿方法包括采准、切割和回采，也就是说，采矿方法就是采准、切割在时间上与空间上所进行的顺序以及它与回采工作进行的有机、合理的配合工作。目前金属矿山普遍认同的采矿方法，按照"采空区"的处理方法不同分为三大类，即空场采矿法、充填采矿法及崩落采矿法，见表1-1。

表 1-1　采矿方法分类

类型	组别	典型方法
Ⅰ. 空场采矿法	1. 全面采矿法 2. 房柱采矿法 3. 留矿采矿法 4. 分段矿房法 5. 阶段矿房法	（1）全面采矿法； （2）房柱采矿法； （3）留矿采矿法； （4）分段矿房法； （5）水平深孔落矿阶段矿房法； （6）垂直深孔落矿阶段矿房法； （7）垂直深孔球状药包落矿阶段矿房法
Ⅱ. 充填采矿法	6. 单层充填采矿法 7. 分层充填采矿法 8. 分采充填采矿法 9. 支架充填采矿法	（8）壁式充填采矿法； （9）上向水平分层充填采矿法； （10）上向倾斜分层充填采矿法； （11）下向分层充填采矿法； （12）分采充填采矿法； （13）方框支架充填采矿法
Ⅲ. 崩落采矿法	10. 单层崩落法 11. 分层崩落法 12. 分段崩落法 13. 阶段崩落法	（14）长壁式崩落法； （15）断壁式崩落法； （16）进路式崩落法； （17）分层崩落法； （18）有底柱分段崩落法； （19）无底柱分段崩落法； （20）阶段强制崩落法； （21）阶段自然崩落法

A　空场法回采形成采空区

采用空场房柱法开采的采空区特点是采空区体积较大，周围岩体有一定的稳固性，能暴露一定的时间，采空区的形态、大小相对来说易于观测。如香炉山钨矿采矿方法基本上为留点柱、条柱的全面法，有些类似于房柱法。全面法或房柱法都属于空场采矿法，在采场中留下规则（方形、矩形或圆形）或不规则的矿柱作为永久支撑，不予回采。香炉山钨矿采场的高度普遍在10m左右，矿柱规格约为 4m×4m，矿柱之间的静空跨度为 12m 左右，采场暴露面积大小不一，从 300m² 到 4000m²（甚至更大）不等，形成的采空区群总体积约为 210.0 万立方米。再如柿竹园多金属矿采用分段凿岩阶段落矿有底柱阶段矿房法，只采矿房，矿柱未回采，矿房采空区未经处理，由留下的大量矿柱支撑顶板。形成的采空区 260 万立方米，顶板暴露面积达 3 万平方米，最大顶板连续暴露面积达 8000m²。这类型的空区要掌握好空区暴露面积、体积、暴露时间与空区崩落时间、深度的关系。以便安排好空区处理时间和措施，防止空区突然大规模冒落所造成的危害。

采用留矿法回采形成的采空区特点是采空区体积不太大，空区周围岩体也有一定的稳定性，能暴露一定的时间，空区的形态、大小也易于观测。如盘古山钨矿、瑶岗仙钨矿就是这类型的空区。这类型空区同样要掌握好空区暴露面积、体积、暴露时间与空区崩落时间、深度的关系。但浅孔留矿法形成的空区中，每个矿体的空区体积不大，而且有一定的稳定性，矿山容易忽视空区处理。然而，随着回采深度增加，空区逐渐扩大，再不进行空区处理就可能导致发生大规模的地压活动。

B　充填法处理采空区

充填采矿法是在回采的过程中用充填料处理采空区的一种采矿方法。充填采空区与充填采矿法是有区别的。前者是采后一次充填，充填效率高，而充填采矿法是边采边充，采一层后充填一层。因而在工艺和充填质量上也不同。一次充填采空区的质量较差。如用干式充填时，在采空区上部距离充填井较远的两侧留下"死角"，当空区上盘倾角不陡时，靠上盘充不密实。因此，凡是随着回采工作面的推进，逐步用充填料充填采空区的方法称为充填采矿法。前苏联的霍米亚科夫曾对采空区充填体在地压控制中的作用进行了研究，并对许多国外矿山进行了岩体及充填体应力—变形状态的现场测试。结果表明，采空区的充填料并不能改变围岩压力分布的特性，矿柱仍然是主要承载体。充填体的主要作用在于预防矿房两帮裂隙岩体的位移和提高其稳固性，在发生大规模顶板活动时，充填体能够起到限制岩体活动空间，避免发生冲击气浪和地表塌陷等灾害。

应用充填法采矿的矿山，在回采过程中会形成小范围的采空区，随即及时用废石或尾砂、水砂、胶结充填料充填采空区。有些矿山还会因充填料接顶不好，仍残留了一部分采空区。一些用干式充填法的矿山残留的空区量大些。但总的来说，这种充填法采空区量是极有限的。

C　崩落法处理采空区

崩落采矿法是以崩落围岩来实现采空区管理的采矿方法。崩落法回采形成的空区是阶段崩落或分段崩落法在盲矿体回采中，因围岩稳固，围岩滞后崩落而形成的。从五矿邯邢矿业有限公司矿山崩落法回采的实践过程中，多数矿山的绝大部分矿体顶板围岩均滞后冒落，从而形成了程度不等的采空区。因顶板围岩滞后冒落形成的采空区达到一定的规模后，顶板围岩一旦失稳会发生大规模的突然冒落。冒落的岩体对其下采场将产生巨大的动力冲击，并形成可摧毁井下设施和伤害作业人员的气浪。采空区的体积越大，顶板的落差越大，气浪的危害程度越大。这类空区的形态、大小以及空区体积变化大小难以观测。往往需要钻凿一定的工程和装备一些仪器才能了解其形态和大小。如五矿邯邢矿业有限公司西石门铁矿采用钻孔激光扫描的方法，应用测深仪来测定空区形态、大小。这类型空区要了解其冒落规律和冒落的规模，垫层厚度要经受得了突然大冒落的冲击。

因此，空场法是形成采空区的主要方法，充填采矿法和崩落采矿法均应视为消除了采空区的采矿方法。

1.1.2.2 按含水状态分类

（1）充水采空区：废弃的采空区失去排水条件被后期的地下水或地表水充满，就形成了充水采空区。如果后期的地下采掘工程触及到这种充水采空区的边界，采空区内积水将以突然溃入的方式涌入井下，造成一些突发性的水害事故。此外，积水采空区在长期地下水的浸泡下，围压强度变差，垮塌的风险增大。

（2）不充水采空区：在地下水位线以上，具备排水能力的采空区，不会发生积水或仅有少量积水，为不充水采空区。

1.1.2.3 按采空区形成时间分类

对采空区时间性的划分方法，主要是地质勘察和城市规划部门，关注于采空区造成的地表沉降对建筑物的影响而提出的。在金属矿山生产中，也采用各开采水平的地表移动界限和终了移动界限来圈定不同阶段采空区对地表的影响范围。实际上，在矿山采空区管理中，对于采空区形成时间的关注，更主要在于采空区与现有生产系统的关联程度和采空区资料的掌握程度。

（1）老采空区：老采空区是指已经完成回采计划后未进行处理的采空区，煤矿也称"老窿"或"老窑"，包括历史采矿遗迹，废弃的民采、盗采矿井，已经无据可查、无料可考的采空区。已经闭坑的矿井也属于老采空区。老采空区的最主要特点是与现有生产系统的关联度极小。资料少、形态不清、状况不明、边界难寻，是大多数矿山治理老采空区灾害面临的问题，治理难度最大。当工程地质调查不能查明老采空区的特征时，应进行物探和钻探。老采空区中积水后会成为附近区域开拓工程的危险源，威胁井下生产，被称为"老窿水"或"老窑水"。

（2）现采空区：现采空区是指地下正在开采或正在嗣后处理的采空区。矿山生产进行地压管理的重点是现采空区，一方面是要选择合理的矿房矿柱尺寸，严格控制采空区的暴露面积和暴露时间；另一方面是要及时处理采空区，以此保证回采工作的顺利进行。

（3）未来采空区：未来采空区是指目前尚未开采，而后续采矿生产中逐渐形成的采空区。对于未来采空区，最关注的问题是开采影响的问题。一方面，是岩层移动对现有采矿工程的影响，合理规划回收保安矿柱；另一方面，是地表建筑物安全界限的问题，应通过计算预测地表移动和变形的特征值，提前对受影响的建构筑物采取措施。

1.1.2.4　按采空区形态分类

（1）房状采空区：采空区形态呈房状。一些缓倾斜矿体用空场法回采后形成的采空区，其四壁为壁柱（连续的条带矿柱）和中段矿柱，采空区的上下为顶、底板，使空区呈房状。急倾斜矿体用空场法回采后形成的采空区，其四壁为间柱和上、下盘，采空区的上下为顶底柱。房式采空区有矿柱相隔，形态较规整，采空区稳定性相对较好。用分段空场法回采后，嗣后一次尾砂或混凝土胶结充填成矿柱，这时的采空区也呈房式。缓倾斜中厚以上矿体的开采，由于矿体的连续性，形成层状的空区，若采用空场法或房柱法，易形成大片空区连通，一旦隔离矿柱被破坏，可能造成大面积地压灾害。厚大特大矿体或重叠矿体的开采中，由于压力分布、扰动十分复杂，随着空区的不断扩大，地压活动加剧，存在突发性垮塌冲击的隐患。

（2）矿体原形状空区：囊状、脉状、透镜状等小规模矿体回采后形成的空区，若将其中的矿柱基本回采完毕，空区的形状与矿体形状大致相同，为矿体原形状空区，空区的周围基本都是围岩，这种类型的空区暴露面相对较大，形态变化也大（图1-7）。

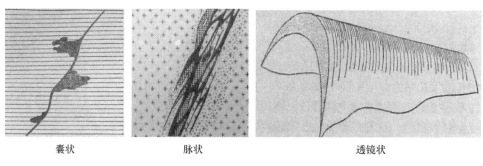

囊状　　　　　　　　脉状　　　　　　　　　　透镜状

图1-7　矿体形态

1）等轴状矿体：指在3°空间大致均衡延伸的矿体。按其大小不同又有不同的名称，直径达十余米到数十米以上的通称为矿囊，直径只有几米的称为矿巢，再小的有矿袋等。等轴状矿体是由岩浆分凝作用、充填交代作用和风化淋滤堆积等方式形成的。

2）脉状矿体：这类矿床主要是由于热液和气化作用，将矿物充填于地壳的裂隙中生成的矿床。特点是：矿脉与围岩接触处有蚀变现象；矿床赋存条件不稳定；有用成分含量不均匀；品位变化大；有色金属、稀有金属及贵重金属硫矿床多属此类。在急倾斜薄矿脉群的开采中，水平方向及垂直方向的应力集中都比较突出，地压构造复杂，采空区地压管理难度大。例如盘古山钨矿就属此类型，只有妥善地布置采矿工程和实行合理回采方案，并施行有效的监控和有关防治措施，才能根本消除灾害隐患。

1.1.2.5 按采空区是否通地表分类

（1）明采空区：采空区与地表相通者为明采空区。出露地表的矿体，回采后形成的空区无疑是与地表相通的。但还有一些盲矿体，矿体回采后形成的空区，由于空区冒落而与地表相通者，也是明空区。

（2）盲采空区：盲矿体开采后，形成不通地表的空区为盲空区。大的连续的盲空区要注意大规模突然冒落时空气冲击波的破坏。空区上部往往开有通地表的井巷，即所谓"天窗"，以释放能量。

1.2 金属矿山采空区的结构和分布

1.2.1 金属矿山采空区的组成和结构

金属矿山采空区的形态千差万别，形成方式也各有不同，但总的来说都是由不同的采矿方法依据一定的开采顺序形成的。可见"采空区"的管理与采矿方法的适用条件、组成要素、回采工艺等有着密切关系，并且最终影响到采矿方法的安全、效率和经济效果，成为决定矿山生产成败的关键。因此，研究"采空区"的组成和结构，离不开形成采空区的采矿方法。

1.2.1.1 房柱法采空区

房柱法在金属矿山主要用来开采沉积式铁矿床和铜、铅、锌、铝土、汞和铀等有色金属和稀有金属矿床，是开采的主要方法之一。在地下开采的采场或矿块内，除必须保留的矿柱以外的应予回采的矿体为采准矿房或回采矿房，回采后成为采空矿房，即采空区。空场采矿法用矿柱和围岩体的稳固性来维护采空区，把矿块划分为矿房和矿柱两部分（图1-8）。空场法按两步骤回采，先采矿房，后采矿柱，在回采矿房时，采场以"采空区"形式存在。矿房采完以后，及时回采矿柱，并及时处理采空区。一般情况下，回采矿柱与采空区处理是同时进行的。有时为了改善矿柱回采条件，事先对矿房进行充填，然后用其他方法回采矿柱。在回采过程中，采场主要依靠暂留的矿柱或永久矿柱进行自然支撑，有时辅以人工矿柱支撑。空场采矿法适用于开采矿石和围岩都很稳固的矿床，采空区在一定时间内，允许有较大的暴露面积。

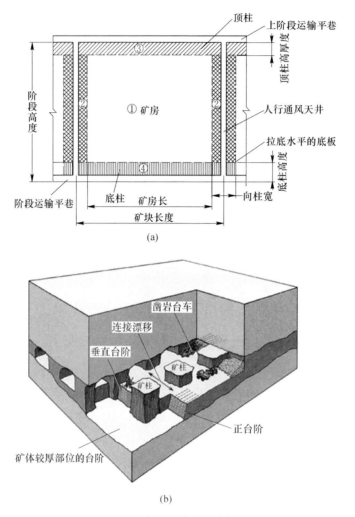

(a)

(b)

图 1-8　房柱法采空区结构图

　　房柱式空场采矿方法以矿柱支撑体系为核心（图 1-9），采空区稳定性状态是由矿柱和矿房顶板两个基本要素而共同决定。这就要求在开采过程中采场内留设具有长期强度的矿柱支撑采空区顶板，基本出发点是矿柱和顶柱要有足够的尺寸。因此，对于单体采空区而言，顶底柱岩层强度、开采深度、矿房尺寸、矿柱平面布置等是其结构稳定性的重要指标。对于矿房-矿柱构成的采空区群系统，顶板岩层、覆岩厚度、采空区空间布局等也是其重要的构成要素（图 1-9）。

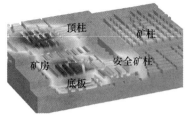 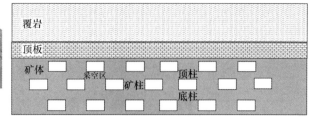

图 1-9　矿柱支撑体系的空场法

1.2.1.2　留矿法采空区

　　由于留矿法主要用于回采急倾斜薄和急薄矿体（脉），因此，采场一般沿走向布置。采场长度主要取决于工作面的顶板及上盘围岩所允许的暴露面积（图 1-10）。从我国采用留矿法矿山的情况来看，在阶段高度为 40~50m 时，采场长度一般为 40~60m。如果围岩特别稳固，采场长度可达 80~120m。

 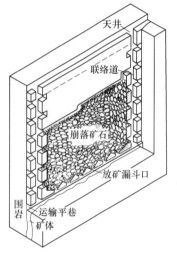

图 1-10　留矿空场法的采空区

1.2.1.3　崩落法采空区

　　崩落采矿法就是以崩落围岩来处理采空区，实现地压管理的采矿方法。即在崩落矿石的同时强制或自然崩落围岩，充填空区，用以控制和管理地压，因此理论上崩落法已经不存在采空区。崩落法以整个矿块作为一个回采单元，在一个阶段内按从上而下的顺序进行，连续进行单步骤回采。在回采过程中，围岩要自然或强制崩落，矿石是在覆盖岩石的直接接触下放矿（图 1-11）。用崩落法回采的矿山，采空区在回采过程中由覆盖岩和矿石充满。

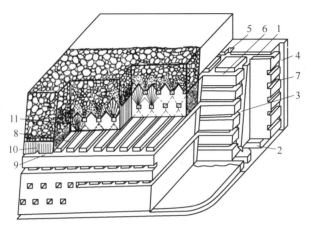

图 1-11　无底柱分段崩落法典型方案

1—上阶段沿脉运输巷道；2—下阶段沿脉运输巷道；3—矿石溜井；4—设备井；5—通风行人天井；
6—分段运输平巷；7—设备井联络道；8—回采巷道；9—分段切割平巷；10—切割天井；11—上向炮孔

　　我国大部分使用无底柱分段崩落法的矿山，都是从第一分段起，就用无底柱方法开采。初期放顶后，覆盖层随着开采中段下降，不会形成采空区（图 1-12）。如果矿体的顶板围岩较为稳固，冒落滞后，就会形成崩落法采空区，而且延迟崩落的时间难以预测，一旦突然大量崩落，可能引发大规模冲击性灾害，威胁到井下作业的安全。如果采用自然崩落法采矿，会形成采空区。自然崩落法是在矿块的

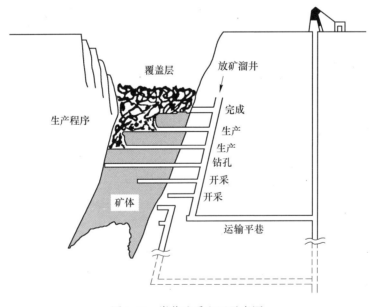

图 1-12　崩落法采空区示意图

底部，进行一定面积的拉底，在其侧帮做适当的切割后，受矿石自重和上部覆岩的压力作用，自然崩落至阶段高度，如图 1-13 所示。

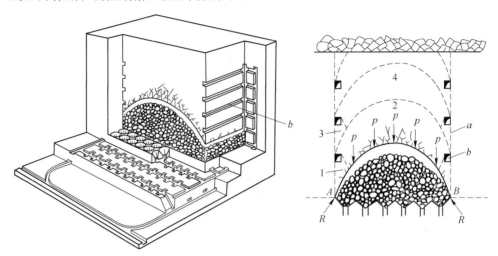

图 1-13　自然崩落法结构和崩落顺序示意图

a—控制崩落边界；b—切帮巷道；1~4—崩落顺序

因此，崩落采矿法的覆盖层厚度、垮落高度、进路间距是影响采空区形态的关键组成因素。

1.2.1.4　充填采矿法

充填采矿法属人工支护采矿法，采用充填材料消除采空区。在矿房或矿块中，随着回采工作面的推进，向采空区送入充填材料，以进行地压管理，控制围岩崩落和地表移动，并在形成的充填体上或在其保护下进行回采。充填采矿的矿房暴露时间短，采空区形成后很快被充填，能够有效控制地压活动。根据所用充填材料和输送方式不同，充填采矿法可分三组：干式充填法、水力充填法和胶结充填法。干式充填法主要材料为废石，无法实现充填接顶，残留部分采空区。而多数矿山采用水力或胶结充填也无法实现 100% 接顶，会有少量剩余采空区。但这些残留的采空区已经不会造成大的地压破坏活动。

无论采用何种充填方法，也都无法避免对矿体的开发而形成空间，引发地压活动。因此，嗣后充填的采空区，在形成和存在阶段其性质特征与空场法采空区相同。

对于随采随充的进路式充填采矿法，采空区体积和存在时间得到了较好的控制，基本消除了采空区的存在。但是，对于充填法开采的矿山，仍应关注的是不留矿柱、下向大面积胶结充填时，进路采场直接暴露在充填体下的地压问题，如图 1-14 所示。

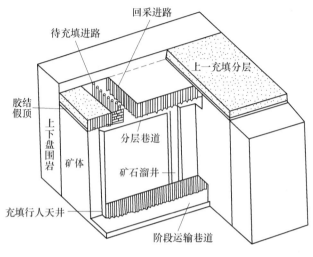

图 1-14　下向分层胶结充填法

1.2.2　空场法采空区的产生和发展

采空区伴随着采矿活动发生与发展。首先采空区在矿房回采、矿岩崩落或进路开挖后形成并不断扩大。在回采过程中，出于地压管理的需要，一般都不同程度地做了即时处理。用充填采矿法的矿山，在矿房回采过程中就用充填料充填，即时处理了采空区；用崩落法的矿山，也在矿房回采过程中有计划地崩落矿体上部的覆盖岩或两盘围岩即时充填采空区，以控制地压和处理采空区；用全面法和房柱法回采的矿山，在矿房回采过程中留下矿柱作永久支撑或暂时支撑采空区；用分段采矿法和阶段矿房采矿法回采的矿山，留顶、底柱、间柱暂时支撑采空区；用留矿法回采的矿山，除了留顶底柱、间柱支撑采空区外，还将回采下来的矿石留下三分之二用以支撑采空区。

事实上，矿山在生产中即使即时处理了采空区，也会因各种原因而没有达到即时处理好采空区的目的。尤其是用全面法、房柱法回采的矿山，所留的永久矿柱也会因地压活动使顶板变形，矿柱破坏，甚至产生大规模的顶板冒落，而没有达到用永久矿柱支撑采空区的目的。至于用分段空场法、阶段矿房法、留矿法回采的矿山，矿柱回采后，空区体积骤然增大，再加上采深增加，空区处理就更显突出了。由于空场法形成的采空区围岩较稳固，允许暴露面积大、体积大，能够形成大规模采空区群，积聚大量弹性势能，从局部的应力集中、破坏，逐渐可能演化成为一场惊天动地的灾难。

以矿柱支承体系为核心的空场采矿方法，破坏进程大致可归纳成三个阶段：

（1）矿柱稳定、矿房顶板岩层发生局部拱冒型破坏（图 1-15（a））。该种破坏形式在未发生破坏的矿柱间形成平衡拱结构，由于局部应力集中或构造作用，顶板部分垮塌，形成小范围冲击波，裂隙带未与地表贯通，空区能够重新保持稳定。

（2）局部矿柱失稳、顶板保持稳定（图1-15（b））。该类型在矿体较软、顶板岩层相对坚硬时发生，由于矿柱上的载荷超过矿柱自身的承载极限，矿柱坍塌，但空区顶板能够积聚大量弹性能而不发生断裂，出现大面积悬顶保持稳定的现象。

（3）矿柱失稳、顶板岩层破坏，地表大面积瞬时切冒型塌陷（图1-15（c））。在矿柱垮塌过程中，应力不断向周边矿柱转移，顶板岩层逐层向上破坏并发展到地表，形成陷落，此时采空区塌陷已脱离矿柱支承为开采特征的基本模式和范畴，成为地层运动的地质灾难。

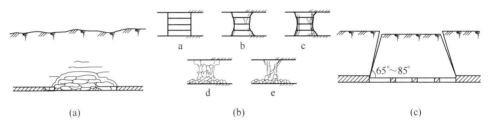

图1-15　空场法顶板-矿柱系统破坏进程示意图

（a）拱冒型；（b）矿柱非脆性破坏；（c）切冒型

采空区的各种破坏形式在时间和空间上是相互联系、相互转化的。采空区形成初始，在岩层构造、节理、裂隙和局部应力的作用下，顶板局部会冒落，形成自然平衡拱，并保持长期稳定。矿柱在顶板荷载作用下发生缓慢蠕变，破坏发展到核部承载区后，矿柱失稳，不再承担顶板荷载。顶板失去下部支撑后，发生局部冒落，再次形成新的应力拱，将荷载转移到周边矿柱。周边矿柱荷载增加后，可能进一步失稳，从而顶板应力继续向外转移，最终当足够多的矿柱发生失稳，不能支撑上部岩层荷载，应力拱裂隙发育带到达地表后，将发生地表大面积瞬时切冒型塌陷的突变。这种由局部矿柱破坏引发的顶板荷载传递和矿柱连锁式破坏，最终导致大面积塌陷灾害的现象，称为采空区塌陷的"多米诺"效应，如图1-16所示。

这种阶段大面积地压活动的"多米诺"效应发展过程的地压显现，可分为发生阶段、发展阶段和衰减稳定阶段。

（1）发生阶段：又称预兆阶段。预兆期从几天到数月。在此时期，各种预兆逐渐增强和不断扩展。主要预兆特征为：围岩发响，采场顶板局部冒落，矿柱破坏，近空区的巷道变形和遭破坏。当矿柱、顶板产生微破裂时，岩石发响，称为岩音。岩音频度（单位时间内的发音次数）与岩体破坏程度密切相关。采场

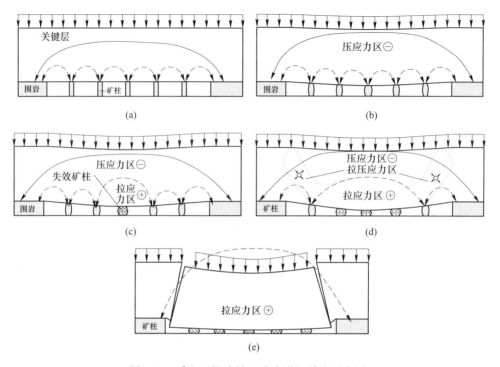

图 1-16   采空区塌陷的"多米诺"效应示意图
（a）空区初采后；（b）矿柱达到峰值强度；（c）局部矿柱失效；
（d）矿柱大量失效、裂隙带发育至地表；（e）多米诺效应导致顶板发生大面积切冒

大冒落前几小时至几天，岩音频度急剧增大。掌握岩音频度的变化规律，可以预报采场大冒落。采场顶板局部冒落和掉石次数增加，或顶板下沉速度增大，也是大面积地压来临的重要预兆。矿柱破坏是大面积地压活动的又一重要预兆。大冒落之前，采场中残留的矿柱有压裂、剥落和倒塌现象。湖南锡矿山锑矿的统计资料表明，在大面积地压活动前一个月，丧失承载能力的矿柱数占总数的 60%，其余的矿柱也产生不同程度的开裂和剥落现象。近矿体巷道围岩开裂，形成错动缝或下沉台阶等，也是大面积地压来临的预兆。

（2）发展阶段：即围岩大冒落和移动阶段。其特点是：在很短的时间内，采场大面积冒落；近矿体巷道严重破坏；地表开裂下沉；由于存在大量采空区，有时还发生不同程度的冲击气浪。

（3）衰减稳定阶段：大面积冒落后，井下采场与巷道的变形和破坏趋于缓和，而地表开裂和下沉还要持续一段时间，速度逐渐减慢，围岩应力达到新的平衡状态，出现衰减稳定阶段。

随着矿山采掘的进展，开采范围不断扩大，岩体平衡状态不断受到破坏，地压活动再次发生，重复经历上述三个阶段。

1.2.3　金属矿山采空区的灾害类型

非煤矿山采空区的首要危害是井下冒顶危害。与煤矿相比，非煤矿山地质条件复杂多变，围岩易发生硬脆性断裂，采空区可能经过较长时间的稳定阶段后突然发生垮落，同时引发矿震，盲采空区还有可能产生强烈空气冲击波。如果采空区上覆岩层厚度不足，则采空区失稳进一步引发地面塌陷和变形，导致地面人员和设备、设施陷落，建筑物倒塌、人员被埋。若采空塌陷影响范围内存在高坡、地表水或尾矿库还有可能造成山体滑坡，地表水、尾矿库泥浆灌入井下等灾害，后果不堪设想。此外，老空区水害、毒气和火灾等也是采空灾害的易发类型。非煤矿山采空区可能导致的灾害类型，见表1-2。

表1-2　非煤矿山采空区灾害类型

序号		危害形式	发生原因	影响结果
直接影响	1	冒顶塌方	采空区失稳垮落	全矿人员伤亡，设备、设施遭破坏
	2	冲击气浪	采空区垮落急剧压缩空区内空气	全矿人员伤亡，设备、设施遭破坏
	3	矿震	采空区垮落引发地震	建筑物、设备、设施遭破坏
	4	深部岩爆	采空区的存在使地应力集中	局部人员伤亡，设备、设施遭破坏
	5	井下透水	老空区内积水突然涌出	全矿或局部人员伤亡，设备、设施遭破坏
	6	毒气和气体突出	人员误闯入封闭采空区内或高压力毒气喷出	局部人员伤亡
	7	自燃	采空区内矿石氧化热积聚起火	全矿或局部人员伤亡，设备、设施遭破坏
间接影响	8	地表塌陷和山体滑坡	采空区垮落或顶板变形发展到地表，或引发山体移动	地表塌陷坑内人员伤亡，设备、设施遭破坏
	9	建筑倒塌	矿震和地表变形导致影响范围内建筑倒塌	地表建筑内人员伤亡，设备、设施遭破坏
	10	地表水入侵	采空塌陷引起地表水沿断裂带进入井下	全矿或局部人员伤亡，设备、设施遭破坏
其他	11	无秩序开采	超层越界开采、盗采	塌陷、透水、火灾、爆炸等各种灾害

（1）冒顶塌方。冒顶事故是地下矿山最为普遍，也是事故率最高的灾害之一，冒顶包括岩层脱落、块体冒落、不良地层塌落，以及由于采矿和地质结构引起的各种垮塌。特别是矿岩稳定性差的难采矿体及软弱夹层，易发生较大规模的垮落，引起采场和巷道冒顶事故。冒顶片帮的类型较多，产生的机理也较复杂。一般来说，从受力特征上可以把冒顶片帮分为重力结构型破坏和高应力作用下的应力型破坏，还可以根据岩性的不同及其受力特征进行分类，如张拉型破坏、压

剪型破坏等。大规模采空区垮塌造成的冒顶事故，往往是灾难性的，同时伴随有冲击气浪（井下冲击波）和矿震等次生灾害。

（2）冲击气浪。采空区大面积顶板瞬时一次性冒落时，改变了采空区的容积，使空腔内的空气瞬时被压缩而具有相当高的压缩空气能量。为了达到与外部区域能量的平衡，冒落空区内被压缩的空气能便冲出垮冒区快速向周围流动。这种快速流动到采、掘巷道与各个角落的气流形成强大的空气冲击波，对沿途巷道内的作业人员和设备产生极大危害。

世界上报道最早由于采空区冒落产生冲击地压的矿山，是在 1938 年英国的一个锡矿山。比较典型的矿山有：1958 年发生在民主德国维尔钾盐公司台尔曼矿的冲击地压，曾被莫斯科、土耳其和西班牙的地震站所测得。1960 年 1 月 20 日，南非的科尔布鲁克诺斯（Coalbrook North）煤矿曾发生一起灾难性破坏，当时面积 $3km^2$ 左右的房柱法采空区突然垮落，造成了 437 人的死亡。20 世纪 70 年代末，寿王坟铜矿 2 号矿体采空区曾发生大面积的整体陷落，崩落的岩体约 $5000m^3$，由岩体崩落所产生的空气冲击波从两条 $4m^2$ 巷道排出，并携带出矿石达 80 余吨，矿石最大达 2t。空气冲击波经过之处，风、水、电等井下工程系统均遭毁灭性破坏。

（3）矿震。矿震是开采矿山直接诱发的地震现象，矿震的震源浅，危害大，小震级的地震就会导致井下和地表的严重破坏。在我国，非煤矿山矿震现象相比于煤炭矿山来说要少，因而长期以来没有引起人们的重视。近年来，金属矿山矿震现象增多，强度增大。我国最早的矿震报道见于 1933 年抚顺胜利煤矿，随着时间的推移，全国范围矿震灾害不断加剧，1950 年前全国关于发生矿震报道的矿区只见到 2 个，20 世纪 50 年代增加到 8 个，60 年代 14 个，70 年代 30 个，到目前为止已见到 102 个煤矿、20 个非煤矿，共 122 个矿井和一些地下岩石工程有发生矿震详略不同的报道，大部分深采矿井都发生过矿震灾害，表现出矿震灾害与开采深度和矿产资源采出量的同步发展。如湖南水口山铅锌矿在疏干放水过程中，发生过 ML2.0 地震。

（4）深部岩爆。岩爆，也称冲击地压，它是一种岩体中聚积的弹性变形势能在一定条件下的突然猛烈释放，导致岩石爆裂并弹射出来的现象。轻微的岩爆仅有剥落岩片，无弹射现象，严重的可测到 4.6 级震级，烈度可达 8 度，使地面建筑遭受破坏，并伴有很大的声响。岩爆可瞬间突然发生，也可以持续几天到几个月。发生岩爆的条件是岩体中有较高的地应力，并且超过了岩石本身的强度，同时岩石具有较高的脆性度和弹性，在这种条件下，一旦由于地下工程活动破坏了岩体原有的平衡状态，岩体中积聚的能量导致岩石破坏，并将破碎岩石抛出。近年，部分金属矿山进入了 1000m 以下深部开采，高压力条件下的硬岩层往往会发生岩爆。冬瓜山铜矿开拓达 1100m，深部有岩爆声和岩石弹射现象；红透山铜矿开拓达 1337m，采深达 1100m 左右，大片采区花岗岩柱及上下盘发生多次大的岩爆，地表听到响声如雷，井巷工程严重破坏，给生产造成危害；大厂 105 号矿体埋深 1000m，民采开挖形成高大的采空区，2001 年 3、4 月发生多次巨大的岩爆和微震，震动地表，深部民采区段发生大垮塌。岩爆发生的根本原因是：因脆性围岩的抗剪强度适应不了深部采空区形成后集中的过高应力，而突发的失稳破坏。

（5）井下透水。采空区突水是金属矿山多发性的工程地质灾害，具有突发性、隐蔽性等特点，一旦发生，往往会发生灾难性事故。一些开采历史悠久的矿山一般都存在一些不确知的废弃老采空区，这些老采空区中有可能汇积大量的地下水，一些受民采干扰的国有大中型矿山中的民采空区、弃采矿坑等也是地下水的汇积点。这些汇积点就像一个个地下蓄水池，往往位置不定，难以掌握。开采触及到这些汇水点或与这些汇水点连通的巷道等采矿工程时，就会使大量的老窿水沿着打通的通道涌入矿井，造成淹井灾害。老采空区透水已经成为矿山水害中导致较大以上人员伤亡的最主要灾害形式。2001 年 7 月南丹大厂矿区下拉甲坡矿由于爆破作业击穿隔水岩体，使其上部采空区、老塘和巷道的积水大量涌入拉甲坡矿和龙山锡矿，导致这两个矿山同时被淹，死亡 81 人，造成恶劣的社会影响、惨重的伤亡事故和巨大的经济损失。

（6）毒气和气体突出。采空区通风环境较差，尤其是封闭后的采空区，与矿井机械通风系统隔离后，易在区内集聚无轨运输车辆尾气、炮烟等有毒气体，人员误入后可能发生中毒窒息事故。此外，随着金属矿山开采深度的下降，地层逐渐趋于复杂，在采区的地压影响下，我国一些煤矿和少量金矿已经发生过二氧化碳气体突出灾害，造成人员死伤。这种动力现象，发生数量较少，在致灾机理等方面研究均不深入。所谓二氧化碳气体突出，是指在地应力和二氧化碳气体的共同作用下，二氧化碳气体突然地由岩体内向采掘空间抛出的异常动力现象。岩石与二氧化碳突出是矿山发生的一种动力现象，它能在极短时间内，从岩层中喷出大量岩石与二氧化碳。由于二氧化碳是窒息性气体，在波及范围内能造成多人伤亡，因此是深部矿山开采中面临的一种严重灾害，需引起重视。据了解，法国、波兰、保加利亚都发生过岩石与二氧化碳突出现象，而且多在开采垂深达 700m 左右开始发生。二氧化碳气藏作为一种非常规的气藏，其成因、运移、成藏规律以及影响因素等都有其独自的特殊性，许多问题至今仍然悬而未决或存在较大争议，尤其是无机二氧化碳气藏与新生代火成岩之间表现出的种种亲缘关系，说明二氧化碳的来源主要是火山气体的侵入。因此，火成岩型矿山采空区应注意二氧化碳气体突出危害。

（7）自燃。含硫矿石采空区可能发生自燃。含硫矿石系指含硫的金属或非金属矿物或由硫元素与其他元素以化合物形式存在的矿物集合体。常见的含硫矿石类型有硫铁型、硫铜型、硫铅锌型、硫砷型及混合型等，金属矿床发生自燃火灾的矿石类型几乎都是硫铁型。采空区内堆积、暴露的含硫矿石与空气接触时，会发生氧化而放出热量。若含硫矿石堆内氧化生成的热量大于其向周围散发的热量时，则含硫矿石温度上升。同时，温度升高又加速了含硫矿石的氧化速度，在一定外界条件下，局部的热量不断积聚，矿石便不断加热，直到其着火温度，从而引发含硫矿石自燃火灾。我国有近三分之一的金属矿山含硫量偏高，自中华人民共和国成立以来，已有广西大厂锡矿、湖南桃江锰矿、安徽铜陵冬瓜山铜矿、新桥硫铁矿等数十座金属矿山采空区内发生规模大小不一的含硫矿石自燃火灾，覆盖了铜、铁、金、银、铅、锌、锡等不同矿种金属矿山。采空区内含硫矿石自燃火灾会产生有毒有害气体，威胁矿工生命，腐蚀井下各种设备；高温可能引起炸药自爆事故；火势过大可能导致无法开采，同时矿石品位降低，报废大量井巷工程。在一些矿石不能自燃的非高硫化矿床，在采空区逐渐扩大的影响下，顶板压力持续增大，硫化物在压力下增大放热量，可能引燃坑内木支护，造成矿井火灾。

（8）地表塌陷和山体滑坡。井下浅部采空区在地压活动影响下发生冒落，并逐步发展至地表，引发突然坍陷，有些甚至引起山体滑移。地表塌陷在金属矿中较为普遍，造成危害较大。采空区诱发矿山地表塌陷是一个复杂的时、空发展过程，其形成机制涉及许多重要理论问题，特别是与矿山压力、岩层移动、地下水等问题密切相关。宜昌磷矿区远安县盐池河磷矿，自 1969 年至 1980 年因采矿在地下形成约 6.4 万平方米的采空区，1980 年 6 月 3 日，发生了体积达 100 万立方米的崩塌，仅 16s 就摧毁了山体下的全部建筑物和坑口设施，整个矿务局毁于一旦，造成 307 人死亡，是我国硬岩采矿史上的最大悲剧。

（9）建筑倒塌。金属矿山地表变形方式与煤矿不同，不会发生缓慢沉降，而是硬脆性岩石的突然断裂和塌陷，瞬间形成大规模的塌陷坑。处于移动界限内的建筑可能在强烈移动变化中发生垮塌。2005 年 11 月河北省邢台县尚汪庄石膏矿区的康立石膏矿、林旺石膏矿、太行石膏矿因隔离保安矿柱被采，发生地表特别重大坍塌事故，造成井下和地面共 33 人死亡。其中地表塌陷引发房屋倒塌，导致 17 人被埋死亡，另有 12 人受伤。

（10）地表水入侵。井下采空区塌陷后，冒落带或裂隙带与地表水体沟通，可能引发地表水灌入井下，造成大范围淹井事故。2008 年 4 月，山东蓬莱金矿不明采空区发生塌陷后，导致存放在尾矿库的泥沙溃入井下，并进入生产系统，8 人被尾砂淹没死亡。

（11）无秩序开采。非正常生产引起的灾害事故。许多民采违反规程，不遵循客观条件，乱采乱挖，不处理空区，打乱开采顺序，破坏隔离和保安矿柱等，引发灾害事故。如 1998 年铜坑矿细脉带火区水平隔离矿柱被民采破坏后，引起民采作业面大塌方事故，并冒通地表，火区复燃，造成资源损失并构成极大危害；2008 年 2 月河北武安特种野猪养殖场内因非法盗采国家铁矿资源，擅自私用炸药发生爆炸，造成 24 人死亡。

1.3 采空区分布状况

截至 2015 年底，全国共有持证的金属非金属地下矿山 5748 座，主要分布于湖南、湖北、云南、江西、河北、辽宁、山东等 28 个省市，其中，小型矿山 4927 座，占金属非金属地下矿山 85.7%。其典型特点是点多面广、集约化程度低，开采技术落后，装备水平差，安全保障能力低，"乱、散、小、差"的问题没有根本改变。据统计，我国有 60% 的金属非金属地下矿山采用空场采矿法，开采后遗留有规模巨大的采空区。近年来，随着矿山开采规模的不断扩大，部分矿山资源已近枯竭，加大了残矿开采的力度，造成采空区规模不断增加，大量的采空区未得到及时处理，给矿山的生产和安全带来严重威胁。

原国家安全生产监督管理总局在 2015 年对全国 4606 家有主和无主矿山采空区普查统计，目前我国金属非金属地下矿山采空区规模约 12.8 亿立方米，涉及有色金属矿山、黑色金属矿山、黄金矿山、化工矿山、建材矿山、核工业六个行业领域。其中，有主采空区约为 10.1 亿立方米，无主采空区约为 2.7 亿立方米。全国金属非金属地下矿山采空区普查统计见表 1-3。

表 1-3 全国金属非金属地下矿山采空区普查统计表

序号	普查地区	持证矿山/个	普查矿山/个			采空区总量/万立方米	已处理采空区总量/万立方米	未处理采空区总量/万立方米
			合计	有主矿山	无主矿山			
1	北京	5	1	1	0	150	0	150
2	河北	293	366	348	18	5051.3	2236	2815.3
3	山西	155	174	161	13	5583.2	1380	4203.2
4	内蒙古	264	206	200	6	3216.6	2856	360.6
5	辽宁	756	659	575	84	4833.3	3349	1484.3
6	吉林	96	124	108	16	2468.8	1888	580.8
7	黑龙江	19	29	29	0	953	368.7	584.3
8	江苏	39	19	18	1	3361	3100	261
9	浙江	116	89	85	4	1081	1026	55
10	安徽	190	219	185	34	7689.1	5854	1835.1
11	福建	167	219	208	11	2929	1525.6	1403.4
12	江西	349	219	186	33	5896.2	3127.5	2769.7
13	山东	241	143	113	30	6582.7	3291.1	3291.6

续表 1-3

序号	普查地区	持证矿山/个	普查矿山/个			采空区总量/万立方米	已处理采空区总量/万立方米	未处理采空区总量/万立方米
			合计	有主矿山	无主矿山			
14	河南	205	45	43	2	2807	736.7	2070.3
15	湖北	348	195	171	24	11086.4	5364.4	5722
16	湖南	534	600	403	197	34230.7	5542.5	28688.2
17	广东	82	114	103	11	3966.7	2453	1513.7
18	海南	8	5	5	0	18.3	7.6	10.7
19	广西	142	168	134	34	4722.3	2791.6	1930.7
20	四川	476	199	188	11	3029.8	26.5	3003.3
21	重庆	192	138	109	29	1073.7	567.5	506.2
22	贵州	178	115	102	13	1274.3	1173.7	100.6
23	云南	343	292	266	26	10474	8754	1720
24	甘肃	126	96	92	4	1691	750	941
25	青海	60	29	26	3	1480.9	1344	136.9
26	宁夏	1	1	1	0	112.3	112.3	0
27	新疆	148	122	117	5	2174.4	1665	518
28	西藏	37	20	10	10	74.7	40.9	33.8
	全国	5748	4606	3987	619	127984	61230	66689

1.3.1 全国采空区数量及规模分布状况

根据对全国 4606 家矿山企业的统计，得出全国金属非金属矿山数量及规模分布状况，如图 1-17 和图 1-18 所示。

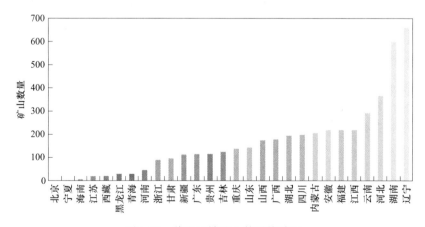

图 1-17 普查区域矿山数量统计图

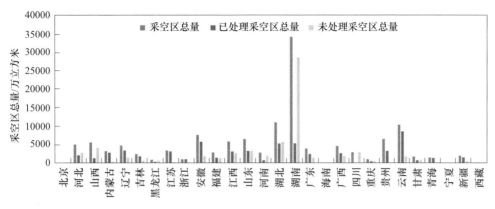

图 1-18 采空区数量统计图

1.3.2 不同行业采空区数量及规模分布状况

根据矿山不同行业的划分类型，对不同资源类型开采后遗留下采空区数量及规模进行统计，见表 1-4 和图 1-19。

表 1-4 普查行业统计分析表

序号	项 目	有色	黑色	黄金	化工	建材	核工业	其他
1	矿山数量/个	1252	1286	470	855	651	8	84
2	占矿山比例/%	27.18	27.91	10.20	18.56	14.13	0.17	1.85
3	采空区体积/亿立方米	5.59	2.73	0.71	2.06	1.53	0.018	0.15
4	占采空区体积的比例/%	43.51	20.97	5.70	16.82	11.74	0.14	1.12

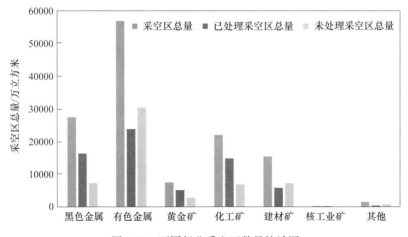

图 1-19 不同行业采空区数量统计图

1.3.3 "三下开采"矿山采空区数量及规模分布状况

根据矿山地下开采所处的特定环境,对位于建构筑物下、水体下和公路铁路下(以下简称"三下")采空区进行统计,全国金属非金属地下矿山"三下"采空区总规模为 39558 万立方米,其中未处理规模为 22971 万立方米,占总量的 58%。见表 1-5 和图 1-20。

表 1-5　"三下"采空区规模统计表

序号	统计项目	建筑物下	铁路或公路下	水体下	建筑物或铁路或公路下	建筑物与水体下	铁路或公路与水体下	建筑物、铁路或公路与水体下	总计
1	矿山数量/个	127	50	51	31	27	19	32	337
2	采空区总量/万立方米	7734	7443	1315	1757	16234	696	4379	39558
3	未处理采空区总量/万立方米	2995	227	450	1297	15473	517	2012	22971

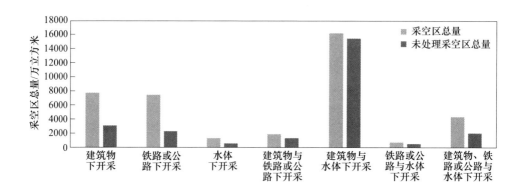

图 1-20　"三下"采空区规模统计图

1.3.4 独立采空区分布情况

矿山独立采空区规模按小型采空区(0.5 万~1 万立方米)、中型采空区(1 万~3 万立方米)、大型采空区(3 万~10 万立方米)、超大型采空区(10 万立方米以上)四种情况进行统计,见表 1-6。

表 1-6 独立采空区分布情况

表 1-6 独立采空区分布情况

独立采空区规模/万立方米	数量/个	比例/%
0.5~1	393	31.69
1~3	460	37.10
3~10	227	18.31
10 以上	160	12.90
合计	1240	100

1.3.5 矿山采空区规模分布情况

矿山采空区总规模：按小型采空区（小于 50 万立方米）、中型采空区（50 万~100 万立方米）、大型采空区（100 万~500 万立方米）和特大型采空区（500 万立方米以上）进行统计，其中，对特大型采空区分为 500 万~1000 万立方米、大于 1000 万立方米进行统计，结果见表 1-7。

表 1-7 矿山采空区规模分布情况

	项 目	合计	采空区规模/万立方米				
			<50	50~100	100~500	500~1000	>1000
1	矿山数量/个	4606	4187	191	195	16	17
	比例/%	100	90.91	4.15	4.23	0.35	0.37
2	采空区体积/万立方米	127984	23573	13473	40748	9907	40284
	比例/%	100	18.42	10.53	31.84	7.74	31.48

2 采空区探测方法适用性分析

<<<<<<<<<<<<<<<<<<<<<<<<<<<<<<<<<<<<<<<<<<<<<<<<<<<<<<<<<<<<<<<<<<<

2.1 采空区探测方法综述

2.1.1 采空区范围圈定

2.1.1.1 电阻率法

A 电阻率测井法

电阻率测井就是沿井身测量井周围地层电阻率的变化。为此，需要向井中供应电流，在地层中形成电场，研究地层中电场的变化，求得地层电阻率。把供电电极 A 和测量电极 M、N 组成的电极系放到井下，供电电极的回路电极 B（或 N）放在井口。当电极系由井底向上提升时，由 A 电极供应电流 I，M、N 电极测量电位差 ΔU_{MN}，它的变化反映了周围地层电阻率的变化。通过变换，即可测出地层的视电阻率。这样就能给出一条随深度变化的视电阻率曲线，可用下式表示：

$$R_a = K \frac{\Delta U_{MN}}{I} \tag{2-1}$$

式中　R_a——视电阻率，$\Omega \cdot m$；

　　ΔU_{MN}——MN 电极间的电位差；

　　　I——供电电流；

　　　K——电极常数。

假设井与周围地层为均匀介质，其电阻率用 R_t 表示。A 电极形成的等位面为球面，与 A 电极相距为 r 处的电流密度为：

$$j = \frac{I}{4\pi r^2} \tag{2-2}$$

其电场强度可用微分形式的欧姆定律表示：

$$E = j \cdot R_t = \frac{I \cdot R_t}{4\pi r^2} \tag{2-3}$$

对上式积分，可得 r 处的电位：

$$U_r = \frac{IR_t}{4\pi r} \tag{2-4}$$

A 电极与 M、N 电极的距离分别为$\overline{AM}$和$\overline{AN}$，M、N 电极的电位分别为：

$$U_{\mathrm{M}} = \frac{IR_{\mathrm{t}}}{4\pi\,\overline{AM}} \tag{2-5}$$

$$U_{\mathrm{N}} = \frac{IR_{\mathrm{t}}}{4\pi\,\overline{AN}} \tag{2-6}$$

M、N 电极间的电位差为：

$$\Delta U_{\mathrm{MN}} = U_{\mathrm{M}} - U_{\mathrm{N}} = \frac{IR_{\mathrm{t}}}{4\pi}\left(\frac{1}{\overline{AM}} - \frac{1}{\overline{AN}}\right) = \frac{IR_{\mathrm{t}}}{4\pi}\left(\frac{\overline{MN}}{\overline{AM}\cdot\overline{AN}}\right) \tag{2-7}$$

由此得出均匀地层的电阻率：

$$R_{\mathrm{t}} = \frac{4\pi\,\overline{AM}\cdot\overline{AN}}{\overline{MN}}\cdot\frac{\Delta U_{\mathrm{MN}}}{I} = K\frac{\Delta U_{\mathrm{MN}}}{I} \tag{2-8}$$

式中，K 为电极系常数，它的数值与电极间的距离有关。

如果使用 A、B 电极供电，M 电极测量（此时 N 电极位于井口），A 电极的电流 I 和 B 电极的$-I$ 对 M 电极均有贡献。根据电位叠加原理

$$U_{\mathrm{M}} = \frac{IR_{\mathrm{t}}}{4\pi}\cdot\frac{1}{\overline{AM}} - \frac{IR_{\mathrm{t}}}{4\pi}\cdot\frac{1}{\overline{BM}} \tag{2-9}$$

由于 N 电极位于井口，离 A、B 电极很远，则：

$$U_{\mathrm{N}} = 0 \tag{2-10}$$

$$\Delta U_{\mathrm{MN}} = \frac{IR_{\mathrm{t}}}{4\pi}\left(\frac{1}{\overline{AM}} - \frac{1}{\overline{BM}}\right) = \frac{IR_{\mathrm{t}}}{4\pi}\frac{1}{\overline{AM}\cdot\overline{BM}} \tag{2-11}$$

$$R_{\mathrm{t}} = \frac{4\pi\,\overline{AM}\cdot\overline{BM}}{\overline{AB}}\cdot\frac{\Delta U_{\mathrm{MN}}}{I} \tag{2-12}$$

$$K = \frac{4\pi\,\overline{AM}\cdot\overline{BM}}{\overline{AB}} \tag{2-13}$$

如果$\overline{AB}=\overline{AM}$，$\overline{AM}=\overline{AN}$，这两种电极系得出同样的结果。因此把前者称为直接供电（单极供电）电极系，后者称为互换供电（双极供电）电极系。

在实际测井时，由于地层厚度有限，上、下有围岩，对于渗透性地层又会形成侵入带，各部分介质的电阻率不同，实际上是非均匀介质。因此，用上式得出的电阻率不等于地层的真电阻率，称为视电阻率 R_{a}，但在一定程度上 R_{a} 反映了地层电阻率的变化。通常，地层真电阻率越大，视电阻率越高。所以，在井内测量的视电阻率反映了井剖面上地层电阻率的相对变化，可以用来研究井剖面的地质情况和划分有用矿产带。

B　高密度电阻率法

高密度电阻率法（又称电阻率影像法）是一种阵列式的电法勘探方法。它与常规直流电法一样，是以探测地下目标体与围岩之间的导电性差异为基础的一种地球物理勘探方法。当人工向地下加载直流电流时，在地表利用相应仪器观测其电场分布，通过研究这种人工施加电场的分布规律来达到要解决的地质问题的目的（图2-1）。求解其电场分布时，在理论上一般采用解析法。

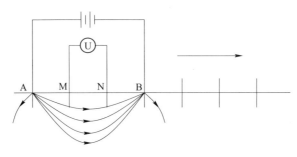

图 2-1　高密度电阻率法原理图

其电场分布满足以下偏微分方程：

$$\nabla \varphi^2 = -j \cdot \nabla \left(\frac{1}{\gamma} \right) \tag{2-14}$$

式中，φ 为电势；j 为电流密度；γ 为电导率。当地下为均匀导电介质时，γ 与坐标无关，此时上式变为拉普拉斯方程：

$$\nabla \varphi^2 = 0 \tag{2-15}$$

但在复杂条件下，解析法能够计算的地电模型十分有限。因此，在研究复杂地电模型的电场分布时，主要还是采用了各种数值模拟方法，如有限元法、差分法、面积分法等。

高密度电法测量系统是目前国内先进的电法测量系统。性能稳定可靠，野外跑极、观测、记录与计算工作全由微机控制并自动完成。高密度电法寻找采空区的地球物理原理是：测定某一区域内不同剖面的电性参数，依据不同岩层和采空区的电性参数特点，判定矿山采空区的位置、深度和范围。如地下巷道及采空区的电阻率可视为无穷大，而有磁铁矿体存在的区域则为低阻异常区域。

2.1.1.2　电磁法

A　地质雷达法

探地雷达是一种用于确定地下介质分布情况的高频电磁技术，基于地下介质的电性差异，探地雷达通过一个天线发射高频电磁波，另一个天线接收地下介质反射的电磁波，并对接收到的信号进行处理、分析、解译（图2-2）。其详细工

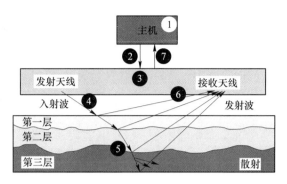

图 2-2 地质雷达工作原理及其基本组成

作过程是：由置于地面的天线向地下发射一高频电磁脉冲，当其在地下传播过程中遇到不同电性（主要是相对介电常数）界面时，电磁波一部分发生折射透过界面继续传播，另一部分发生反射折向地面，被接收天线接收，并由主机记录，在更深处的界面，电磁波同样发生反射与折射，直到能量被完全吸收为止。反射波从被发射天线发射到被接收天线接收的时间称为双程走时 t，当求得地下介质的波速时，可根据测到的精确 t 值折半乘以波速求得目标体的位置或埋深，同时结合各反射波组的波幅与频率特征可以得到探地雷达的波形图像，从而了解场地内目标体的分布情况。一般来说，岩体、混凝土等物质的相对介电常数为 4~8，空气的相对介电常数为 1，而水体的相对介电常数高达 81，差异较大，如在探测范围内存在水体、溶洞、断层破碎带，则会在雷达波形图中形成强烈的反射波信号，再经后期处理，能够得到较为清晰的波形异常图。

在众多地质超前预报手段中，使用探地雷达预报属于短期预报手段，预报距离与围岩电性参数、测试环境干扰强弱有关。一般，探地雷达预报距离在 15~35m。当前方岩体完整的情况下，可以预报 30m 的距离；当岩石不完整或存在构造的条件下，预报距离变小，甚至小于 10m。

B 井间电磁波法

地下电磁波 CT 法是在两个钻孔或坑道中分别发射和接收无线电波（工作频率 0.5~32MHz），根据不同位置上接收的场强的大小，来确定地下不同介质分布的一种地下地球物理勘查方法。地下介质的不同物性分布对电磁波的作用主要表现在对电磁波能量的吸收，这种吸收作用与地下介质的裂隙分布、含水程度、矿物质的含量，以及不同的岩性分布等因素有关，通过两个钻孔之间电磁波扫描性观测，利用层析成像反演算法，将不同岩性导致的电磁波能量上的差异分布转变成二维介质分布图像，进而推断地下的地质构造情况。地下电磁波法涉及电磁波在地下有耗半空间的辐射、传播和接收，其正反演问题的理论基础是电磁场理论和天线理论。式（2-16）为地下电磁波法中的场强观测值公式：

$$E = E_0 \exp\left[-\int_R \beta(r)\,\mathrm{d}r\right] f(\theta) r^{-1} \tag{2-16}$$

式中，E 为接收点的场强值；E_0 为初始辐射常数；β 为测区介质吸收系数，即介质中单位距离对电磁波的吸收值；$f(\theta)$ 为收发天线的方向因子函数；r 为发射与接收点之间的距离。上式表明通过 $\exp\left[-\int_R \beta(r)\,\mathrm{d}r\right] f(\theta) r^{-1}$ 因子，E_0 衰减到 E，其中，吸收系数 β 是一个与介质电阻率 ρ、介电常数 ε、磁导率 μ 以及电磁波频率 ω 有关介质的重要参数，它表征着介质对电磁波的吸收特性，当 ε、ω 一定时，β 主要与 ρ 有关。一般地，ρ 越高，β 就越小，即介质的性状越好；反之，ρ 越低，β 就越大，即介质的性状越差。由此可见，介质吸收系数 β 的大小表征着岩体性状的好坏。一般情况下，强度高、坚硬完整、较纯的灰岩介质中，地球物理特征常表现为高速、高阻、低吸收的特征。而当岩层中出现断裂带、层间错动带、风化溶滤带、岩溶化等时，则表现为波速、电阻率降低，吸收系数增大，与完整灰岩间存在较大的地球物理差异。

C　瞬变电磁法

瞬变电磁法（简称为 TEM）属于时间域电磁感应方法（图 2-3）。该方法是以地壳中岩石和矿石的导电性差异为主要物理基础。其探测原理是在发射回线上给一个电流脉冲方波，一般利用方波后沿下降的瞬时产生一个向地下传播的一次磁场。在一次磁场的激励下地质体将产生涡流，其强度大小取决于地质体的导电程度。在一次场消失后该涡流不能立即消失，它将有一个过渡（衰减）过程。该过渡过程又产生一个衰减的二次磁场向地表传播。由地表的接收回线来接收二次磁场，该二次磁场的变化将反映地下地质体的电性分布情况。按不同的延迟时间测量二次感生电动势 $V(t)$ 得到二次场随时间衰减的特性曲线，用发射电流归一化后成为 $V(t)/I$ 特性曲线。根据二次场衰减曲线的特征，就可以判断地下地质体的电性、性质、规模和产状等。由于瞬变电磁仪接收的信号是二次涡流场的

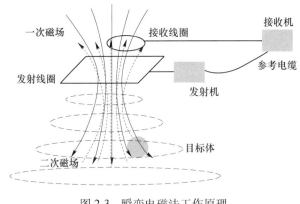

图 2-3　瞬变电磁法工作原理

电动势，对二次电位进行归一化处理后，根据归一化二次电位值的变化，间接解决如陷落柱、采空区、断层等地质问题。

瞬变电磁法是观测纯二次场，不存在一次场的干扰，这称之为时间上的可分性；但发射脉冲是多频率的合成，不同延时观测的主要频率不同，相应时间的场在地层中传播速度不同，这称之为空间的可分性。瞬变电磁法基于这两个可分性有如下特点：

（1）把频率域的精度问题转化为灵敏度问题，加大功率和提高灵敏度就可以增大信噪比，加大勘探深度；

（2）在高阻围岩区地形起伏不会产生假异常，在低阻围岩区，由于多道观测，早期道的地形影响也较易分辨；

（3）可以采用同点组合进行观测，由于与勘探目标的耦合紧密，取得的异常响应强，形态简单，分层能力强；

（4）对线圈位置、方位或收发距要求相对不高，测地工作简单，工效高；

（5）有穿透低阻的能力，探测深度大；

（6）剖面水平测量和垂向深度测量工作同时完成，提供了较多的有用信息，减少了多解性。

有限导电地质体瞬变电磁响应可以用一个具有电阻和电感的回线上的响应相等效，回线中的感应电压 $v_2(t)$ 正比于二次磁场的时间导数：

$$v_2(t) \propto \frac{\mathrm{e}^{-t/\tau}}{\tau} \tag{2-17}$$

式中，τ 为衰减的时间常数。

D 甚低频电磁法

甚低频（VLF）电磁法是利用分布在世界各地的长波电台发射的信号在大地上建立的电磁场（频率为 10~30kHz）作为场源，在地表、空中或地下测量其电磁场的空间分布，从而获得电性局部差异或地下构造信息的一种电磁法。这些电台是一些国家为其潜艇导航通信而建立的，功率非常强大，多在 500kW 以上，信号非常稳定。甚低频电磁法观测的参数有甚低频电磁场的磁场水平分量、磁场垂直分量、电场水平分量及极化椭圆倾角等。

通常可以将甚低频台的发射天线当作位于地表的垂直电偶极子。其辐射场包括两部分：一部分是与地面垂直的电场分量；另一部分是与地面平行的磁场分量，两者都与波的传播方向垂直。在远离电台的地区，可将甚低频波视为平面波。当地下存在良导地质体（如地下水、岩溶或断裂带等）时，因受磁场分量的作用，在地质体中将感应出涡旋电流及相应的二次磁场。若良导地质体的走向与电磁波的传播方向一致，由于一次场垂直作用于良导体，于是，良导体内形成涡流，涡流感应产生的二次磁场最大；若良导地质体的走向与电磁波的传播方向垂直，由于一次场平行于良导体，则感应的二次场最弱。因此，根据具体的地质情况，选择方向合适的甚低频电台作为场源，才有可能观测到较强的二次场信息。

甚低频电磁法的物理基础是浅层岩矿石的电阻率差异，浅层岩矿石的电阻率主要取决于岩石的孔隙度、含水性及其岩石的矿物组分，当待测地质体与其围岩的电性差异越明显，测量的异常特征也越明显。已有成果表明，在构造破碎带发育地段，通常甚低频电磁测量有明显的低阻异常反映。构造变形、岩石破碎甚至动力变质作用或热液蚀变作用，导致原岩物理状态、化学性质等方面均有明显的改变，因此，构造破碎蚀变带与其两侧围岩的物性差异明显，尤其构造蚀变带发育，有多金属硫化物充填，以及断层泥、裂隙水相对发育与富集时，均可导致明显的甚低频低阻异常反映。

E　MT、AMT、HMT 和 CSAMT 法

大地电磁法（MT）、音频大地电磁法（AMT）和高频大地电磁法（HMT）本质上都属于采集天然场信号的被动源频率域电磁方法，差别在于采集信号的频率不同，相应的探测深度和分辨率不同。高频大地电磁法（HMT）采集的信号频率较高，最高可达 100kHz，研究的深度较浅，从地下的十几米至上千米。这个深度范围内恰是人类矿山开采、地下工程建设、地下水资源开发等生产活动最活跃的深度。

2.1.1.3　地震波法

主要有反射波法、折射波法、面波法、等偏移距（地震映象）法、弹性波层析成像（声波、地震波）法等。

A　地震反射波法

浅层地震反射波勘探同常规反射波地震勘探原理相同，只是前者勘探目的层相对较浅，所采用的观测系统、工作方式及数据处理手段有些不同，对仪器分辨率要求更高。如图 2-4 所示，设地下有一水平反射界面 R，深度为 H，反射面的上覆介质是均匀各向同性弹性介质，地震波在其中传播速度为 V，在地面 O 点激发地震波，过 O 点布置一条观测线，埋置检测器，由震源激发产生纵波经由反射界面到达检波器的传播时间为 t，则可得反射波时距曲线方程：

$$t = \frac{1}{V}\sqrt{4H^2 + X^2} \tag{2-18}$$

式中，X 为震源到接收检波器的距离。反射界面的深度可以表示为：

$$H = \frac{1}{2}\sqrt{V^2 t^2 - X^2} \tag{2-19}$$

这个过程是通过对野外采集的地震资料的处理和解释来完成的。通常，如果

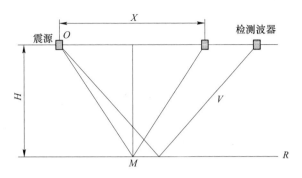

图 2-4 浅层地震勘探原理图

存在一个连续反射界面，地震时间剖面上出现一组连续强反射波，反射界面中断，反射波也将中断。在矿床开采中，采矿将引起顶板岩层破坏，在破坏带范围内，岩层内存在大量破碎岩石、缝和裂隙，从而使地震波的速度和岩石密度同未破坏围岩相比存在很大差异，采空区在地震时间剖面上的特征表现如下：

（1）反射波中断。采空造成地下反射层中断，反射波同相轴不可连续追踪，跨越采空区后，反射波恢复。地震时间剖面上反射波不连续追踪是识别采空区的重要标志。

（2）反射波波形及频率变化。采矿引起的上覆岩层破坏对地震波有很强的吸收频散衰减作用，使反射波频率降低，破碎围岩及裂隙裂缝对地震波衰减还表现为反射波波形变得不规则、紊乱甚至产生畸变，而采空区下方则由于岩层相对完整而变化不明显，这也是在地震时间剖面上识别采空区的另一个重要标志。

B 瑞雷波法

对于弹性半空间介质，其表面受到振动冲击时，在介质中将产生纵波、横波和表面波。在表面波中，又存在两种不同类型的波，一种为拉夫波，另一种波则是英国物理学者瑞雷（Rayleigh）于 1887 年提出的被理论所证明的瑞雷波。

瑞雷波质点在沿传播方向的铅垂平面内振动，其运动轨迹表现为逆时针方向转动的椭圆状，振幅随深度呈指数函数衰减，其传播速度也略小于横波。

从方法上讲，瑞雷波勘探有频率域观测的稳态法和时间域观测的瞬态法两种，相对而言，稳态法的研究和应用时间要长，其方法和技术也较为成熟，但缺点是激振设备笨重，不利于提高效率。而瞬态法则具有快捷、高效的特点，是目前研究的热点，与其他方法相比，瑞雷波勘探法具有以下优点：（1）分辨率高；（2）基本不受测量场地周围金属物及电磁干扰和影响；（3）勘探所需场地小，效率高。

瑞雷波勘探是利用弹性应力波中占主要成分的瑞雷波在成层介质传播时速度具有频散效应这一特点，借助于数字信号分析技术求算出测点处瑞雷波视速度随深度变化曲线来达到勘探目的。由于介质的强度与介质的速度有着良好的相关性，在同一区域的稳定物理特性、物理力学性质的岩土介质，其瑞雷波的速度是确定的，因此可根据所求得的岩土层速度值来反演岩土层的物理状态和物理特征。地下存在的采空区，可以看作是一种特殊的介质体，瑞雷波在其上有着特有的传播规律，主要表现在采空区存在的深度范围内，频散曲线上出现断点，而且频散点分布非常散乱，因此在实际工作中，可以根据瑞雷波频散曲线出现异常的位置来确定所在测点处地下洞穴存在与否以及其埋藏深度及发育状况等。

　　瑞雷波是一种表面弹性波。它具有能量大、传播速度低、频率低、衰减慢等特点，信号易于拾取，适于浅层勘探。瑞雷波在非均匀层状介质中传播时，具有频散特性，即不同频率瑞雷波的传播速度不同。瑞雷波的能量集中于波长 λ 左右范围内。由半波长理论可知，在地表面测得的速度 V_r 反映了二分之一波长（$1/2\lambda$）深度范围内介质的平均弹性性质。因为 $\lambda = V_r/f$，在特定地区，V_r 与采集方式和参数设置无关，只与岩土特性有关，其变化范围是一定的，所以波长 λ 主要取决于频率 f。瑞雷波在相同的频率有相同的波长，不同的测点则反映了同一深度内介质性质在水平方向上的变化。不同频率的瑞雷波有不同的波长，频率的变化反映了不同深度内介质平均性质的变化。低频反映深层信息，高频反映浅层信息。此外，由于瑞雷波速与剪切波速具有一定相关关系 $V_r = (0.87 + 1.12\sigma)/(1 + \sigma)$，而剪切波速与岩土动力学参数、岩土介质的工程特性密切相关。因此瑞雷波在工程建设中得到了广泛的应用，它可以解决诸如场地均匀性评价、液化判别、地基加固效果评价、场地类型划分等问题。

　　C　地震映像法

　　地震映像法是反射波法中采集有效波的最佳偏移距技术的一种特例，其工作中的难点是最佳偏移距的确定。为了获得具有高信噪比和宽频带的地震映像记录，在工区使用多道地震仪获取了一定长度的试验剖面，通过对试验剖面上的各种波的频率、传播速度和时间、振幅以及相互关系等的分析，以最好地反映探测目标的有效波的偏移距为最佳偏移距。实际情况表明，最佳偏移距较小更能发挥地震映像法的特性。这是因为地震映像法采用较小的震-检距单道工作，地形对它的影响小，对缓倾角反射面基本上是垂直入射，特别是根据最佳窗口理论，较小的震-检距能较为有效地避开面波干扰。

　　地震映像法的时间剖面记录的是激发点与接收点之间的垂直反射时间，采集过程中又采用相等的移动距离。因此，在数据处理中不需要进行动校正处理，避免了动校正对反射波的拉伸畸变，从而损失高频成分的影响，使反射波的动力学特征得到完整体现，且分辨率不受影响，因而可以利用地震波的多种参数（信息）进行资料解释。鉴于地震映像法的以上特征，准确、清晰地提取地震波的多种参数就成了数据处理的重要工作。

D　地震层析成像法

地震层析成像是利用地震波对地球内部三维结构进行反演成像以便发现地下波速结构异常的一种地球物理方法。该方法是继 1974 年 Aki 等首次利用地震 P 波走时反演得到 SanAndres 地区三维波速结构之后，于 1980 年初提出的。地震层析成像是通过对观测到的地震波各种震相的运动学（走时、射线路径）和动力学（波形、振幅、相位、频率）资料的分析，进而反演由大量射线覆盖的地下介质的结构、速度分布及其弹性参数等重要信息的一种地球物理方法。

地震层析成像按研究区域的尺度可分为全球层析成像、区域层析成像、局部层析成像；按所用资料的来源可分为天然地震层析成像和人工地震测深；按所依据的理论基础一般分为基于射线方程的层析成像和基于波动方程的层析成像；前者按射线追踪时所用的地震波资料的不同又可分为体波（直达波、反射波、折射波）和面波层析成像；按反演的物性参数区分，可分为利用地震波走时反演地震波速度的波速层析成像以及利用地震波振幅衰减反演地震波衰减系数的层析成像。

确定了慢度（速度）扰动与走时变化的关系，就可以通过对速度模型不断地修正，以使理论走时不断接近观测走时，最终找出一个合理范围内的最佳速度模型。即地震层析成像的反演计算。

在具体实现过程中，地震层析成像问题将涉及以下几个方面：

（1）模型参数化：将研究区的速度结构用一系列理论模型参数表示出来；

（2）正演：为在给定模型参数的条件下，计算理论走时值的过程，主要包含射线路径的确定与走时计算；

（3）反演：利用线性或非线性反演求解方法求解目标函数，以获得能与观测数据匹配更好的模型值；

（4）解的质量评价：主要依据方差和分辨率的估计或者用人工数据重建以检验所得解的质量。

E　地震波超前预报方法

a　TSP 超前预报技术

TSP（Tunnel Seismic Prediction）超前预报系统是利用地震波在不均匀地质体中产生的反射波特性来预报隧洞掌子面前方及周围临近区域的地质情况。该法属多波多分量探测技术，可以检测出掌子面前方岩性的变化，如不规则体、不连续面、断层和破碎带等。它可以在钻爆法或 TBM 开挖的隧洞中使用，而不必接近掌子面。数据采集时在隧洞一边侧墙等间隔钻制 20 余个炮孔，而在两侧壁钻取 2 个检波器孔，使检波器置入套管中，依次激发各炮，从掌子面前方任一波阻抗差界面反射的信号及直达波信号将被两个三分量检波器接收，该过程所需时间约 1h。然后利用 TSPwin 软件处理可得 P 波和 S 波波场分布规律，其分析过程为：数据调整→带通滤波→首波拾取→拾取处理→炮能量平衡→直达波损耗系数 Q 估算→反射波提取→P 波、S 波分离→速度分析→纵向深度位置搜索→反射界面提取等，最终显示掌子面前方与隧道轴线相交的反射同相轴及其地质解译的二维或三维成果图。由相应密度值，可算出预报区内岩体物理力学参数，进而可划分该区围岩工程类别。实践表明该法有效预报距离 100~200m。

b　地震负视速度法

地震负视速度法是利用地震反射波特征来预报隧洞开挖面附近围岩的地质情况。在侧壁的一定范围内布置激震点进行激发，其振动信号在隧洞围岩内传播，当岩层波阻抗发生变化时，地震波信号将部分返回。反射界面与测线直立正交时，所接收的反射波与直达波在记录图像呈负视速度，其延长线与直达波延长线的交点即为反射界面的位置，纵、横波共同分析还可了解反射界面两侧岩性及软硬程度的变化。该法具有明显的方向特征，可有效区分掌子面前方反射信号与周围干扰信息，提高了识别物性界面的精确度，能对其进行较为准确的定位，预报距离可达 100m 以上。

c　钻孔弹性波 CT 技术

钻孔弹性波 CT 方法，又称地震波层析成像技术。这种技术利用大量的地震波速度信息进行专门的反演计算，得到测区内岩土体弹性波速度的分布规律。钻孔弹性波 CT 是近年来随弹性波 CT 技术发展起来的，旨在探测钻孔间的地质构造情况。方法是在一个钻孔内不同深度放炮，在其他钻孔内安置检波器接收，从所获得的地震记录中拾取地震纵波初至，通过不同的数学方法在计算机上重建探测区内速度场，利用速度分布对应各种地质异常的分布或应力分布，直观地以剖面形式给出两钻孔间地质异常体赋存的状态，从而确定异常范围。

d　TST 超前预报技术

TST（Tunnel Seismic Tomography）超前预报系统是通过可视化地震反射成像技术预报隧洞掌子面前方150m 范围内的地质情况，可准确预报断裂带、破碎带、岩溶发育带以及岩体工程类别变化等地质对象的位置、规模和性质。该法数据采集用多道数字地震仪，处理软件为三维地震分析成像系统。它充分运用地震反射波的运动学和动力学特征，具有岩体波速扫描、地质构造方向扫描、速度偏移成像、吸收系数成像、走时反演成像等多种功能，从岩体的力学性质、岩体完整性等多方面对地质情况进行综合预报。

e　TRT 超前预报技术

TRT（Tunnel Reflection Tomography）隧道反射层析扫描成像超前预报技术是利用岩体中不均匀面的反射地震波进行超前探测，这种技术的原理在于当地震波遇到声学阻抗差异（密度和波速的乘积）界面时，一部分信号被反射回来，一部分信号透射进入前方介质。声学阻抗的变化通常发生在地质岩层界面或岩体内不连续界面。反射的地震信号被高灵敏地震信号传感器接收，通过分析，被用来了解隧道工作面前方地质体的性质（软弱带、破碎带、断层、含水等）、位置及规模。TRT 法在硬质岩体中的探测距离可达 300m，在软弱的土层和破碎的岩体中尚可预报 150m。

2.1.1.4 其他方法

A 红外线探测法

红外线无损检测探测是只要物体具有一定温度，它就要向外发射红外线，且红外辐射的强度可由斯忒藩-玻耳兹曼定律表示为：

$$E_b = \sigma \varepsilon T^4 \qquad (2\text{-}20)$$

式中 E_b——物体热辐射能流密度（$E_b = c \times u / 4$，光速与能量密度的乘积除以 4），W/m^2，即某物体在温度 T 时单位面积和单位时间的红外辐射总能量；

       T——物体的绝对温度；

       σ——斯忒藩-玻耳兹曼常数，自然界中 $\sigma = 5.67 \times 10^{-8} \, W/(m^2 \cdot K^4)$；

       ε——比辐射率，即物体表面辐射本领与黑体辐射本领的比值，黑体的 $\varepsilon = 1$。

红外热成像无损检测技术可分为被动式和主动式两种。被动式是利用待测对象本身的发热过程来进行检测。

如果对围岩人为地加热（主动式），在围岩中形成热流传播过程。围岩中有缺陷和没有缺陷的地方因热传导率不同，造成对应表面的温度不同，使对应的红外辐射强度也不同。我们只要采用红外热像仪记录工件表面的温度场分布（红外热图像）就可以检测出围岩中是否有裂纹、剥离、夹层等缺陷。

加热源对围岩进行加热，围岩表面温度场分布由红外热像仪接收后，输出的视频经视频采集卡采集后送微机进行图像处理，将处理结果再送到录像机进行保存和显示器显示。

对围岩探伤时可分为两种方法：穿透法和反射法。穿透法的原理是：加热源对围岩的一个侧面进行加热，同时在另一个侧面由红外摄像仪接收围岩表面的温度场分布。如果围岩内存在缺陷将会对热流的传播过程产生阻碍作用，在待测工件表面造成一个"低温区"，在红外摄像仪上接收到的热图像将是一个"暗区"。反射法的原理是：加热源对围岩的一面进行加热，在同一面采用红外摄像仪接收红外热图像。如果围岩中有缺陷，将阻碍热能的传播，造成能量积累（反射），使缺陷部位对应的岩石表面形成一个"高温区"，在热图像中将是一个"亮区"。

在探测空区的同时，可以非常容易地计算出空区的位置、形状和大小等，从而全面检测围岩的参数。

B　重力勘探方法

地面上任何物体都会受到重力的作用，重力实际上是地球全部质量对物体的万有引力和物体在自转的地球上所受到的惯性离心力的合力，有重力作用的空间称为重力场。受纬度、高度、周围地形起伏、地球潮汐及地球内部岩石密度差异等因素的影响，地球各点的重力将出现高于或低于正常重力大小的现象，借助观测到的重力异常或重力差可以判断其地球内部地质构造或人为地下结构物的特征。因此，微重力法是以地下介质间的密度值差异作为理论基础，通过局部密度不均匀引起的重力加速度变化的数值、范围及规律来解决地质问题的方法。

重力勘探方法是利用地下地质体质量亏损或盈余，在地表观测它们引起的重力异常，从而确定地下地质体的分布、大小和边界等，主要用于地下开采采空区的探测。采空区因开采形成质量亏损，从而形成低重力异常。在采空区保存完整时，形成低值剩余重力异常。在采空区塌陷而不充水时，质量亏损值不变，但负密度值减小而影响厚度增大；充水时，亏损质量得到一定补偿，比在不充水的同样情况下，负密度值减小。无论采空区实际存在哪种情况，按一般规律都可测出局部剩余重力异常。使用高密度、高精度微重力测量和适当的资料处理解释方法，在面积上控制采空区范围。微重力勘探法主要有剖面法、垂直重力梯度法和井中重力法。用微重力法进行采空区勘探时，由于井下采空区的存在，必然会造成开采区域内各处岩层密度的不同，进而在地面上产生重力异常，借助微重力探测仪器获得采空区的位置。地面微重力法不受电磁场等人为干扰和接地条件影响，对于埋藏浅的微小探测对象及其微弱异常具有较高的分辨能力，并且野外工作方法简单，成本低，效率高，从而弥补某些探测方法的不足。但受空区几何空间大小、充填物性质及埋藏深度等影响，重力异常值通常只有几十微伽，其准确率因测区的实际情况不同而差异较大。

C　测氡气法探测

氡是天然放射性铀系的唯一气体元素，母体是镭，而铀又是镭的母体，母体元素的含量水平在一定程度上决定了岩石、土壤中氡含量的高低。氡是一种无色无味的惰性气体，其化学性质十分稳定，物理性质十分活泼，能溶于水、油等液体中。在物质中由于团簇迁移、接力传递、扩散、对流、抽吸等作用，很容易由地下深部经过岩石进入地表土壤中。因此，在铀镭富集地段、地质构造破碎带上方、采空区上方都可形成氡的富集，而在其附近地段氡含量明显减少。于是，根据氡异常的高低，可以直接寻找铀矿体、构造破碎带、采空区、陷落柱及地下水资源等。氡气测量又称为射气测量，是利用射气仪测量土壤中放射性气体的浓度，并根据不同地点所测量到的放射性气体浓度的分布规律寻找铀矿及解决其他地质问题的测量方法。

氡气测量方法分为累积测量和瞬时测量。累积氡气测量就是将取样器埋在土壤中，采样时间一般为4h~30d，异常稳定性、重现性较好，工作效率相对较低。瞬时氡气测量是现场打孔抽气进行测量，没有探测器污染问题，也不存在钍气的干扰，其工作效率相对较高，野外现场就可获得数据。

2.1.2 采空区精确探测

2.1.2.1 直接测量法

A 实地测量

对可以进入的采空区，最简单的办法是采用地面和井下测绘，可以较为直接、全面、精确地把采空区信息描绘在图纸上。除了传统的经纬、水准测量外，采用目前先进的地表GPS定位系统、高精度全站仪等测量方法，可以更方便、快捷、准确地完成地面和井下的采空区测绘工作。

该方法得到的采空区信息较为丰富、精确且真实可信，成本低廉，适用于对正在生产中的矿井采空区进行调查的情况。该方法进行井下测量时常会受井下民采矿井的限制，巷道低矮，转弯折角多，长短变化大，无法按规范要求施测。该方法不能测量无法进入的采空区，在废弃的矿井中作业危险性也较大，一般不推荐强行进入采空区开展测量的做法。

B 钻探

对于空间位置大体明确的采空区，可以采取钻探的方式进行验证和调查。钻探结果较为真实、直观、准确，信息量较全面，可以对无法进入的采空区进行探测，目前先进的取芯钻机可以实现在井下对前方100~150m范围的围岩进行快速钻进。但随着钻孔深度和测点密度的增加，探测成本将成倍增加，故该方法一般适用于物探定位后的验证探测或采空区状态探测，而不适用于未知地区的采空区普查。

2.1.2.2 三维激光扫描技术

激光探测是基于激光测距技术的一种探测方法。激光测距，即利用光在待测距离上往返传播的时间换算出距离 L，其方程为：

$$L = \frac{ct}{2} \tag{2-21}$$

式中，c 为激光在大气中的传播速度，m/s；t 为激光在待测距离上的往返传播时间，s。

三维激光扫描技术是对确定目标的整体或局部进行完整的三维坐标数据探测，在三维空间进行从左到右、从上到下的全自动高精度步进扫描，进而得到完整的、全面的、连续的、关联的全景点坐标数据——"点云"，从而真实地描述出目标的整体结构及形态特性。通过扫描探测点云编织出的"外皮"来逼近目标的完整原形及矢量化数据结构，可进行目标的三维重建。然后由全面的后处理可获取复杂的几何内容，如长度、距离、体积、面积、目标结构形变、结构位移及变化关系等。

在三维激光扫描仪内，有一个激光脉冲发射体，两个反光镜快速而有序地旋转，将发射体发出的窄束激光脉冲依次扫过被测区域。测量每个激光脉冲从发出到被测物体表面再返回仪器所经过的时间来计算距离，同时编码器测量每个脉冲的角度，可以得到被测物体的三维真实坐标。三维激光扫描仪通过脉冲激光传播的时间得到仪器的扫描点的距离值 S，精密时钟控制编码器同步测量每个激光脉冲横向扫描角度观测值 φ 和纵向扫描角度观测值 ω。前面三种数据用来计算扫描点的三维坐标值。激光扫描三维测量一般使用仪器内部坐标系统，X 轴在横向扫描面内，Y 轴在横向扫描面内与 X 轴垂直，Z 轴与横向扫描面垂直（图 2-5）。由此可得三维激光脚点坐标的计算公式：

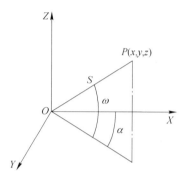

图 2-5　3D 激光探测技术原理

$$\begin{cases} X = S \cdot \cos\omega \cdot \sin\varphi \\ Y = S \cdot \cos\omega \cdot \cos\varphi \\ Z = S \cdot \sin\omega \end{cases} \qquad (2\text{-}22)$$

激光探测法是近年来发展起来的一种新的探测方法，主要用于军事、测绘等领域，具有探测精度高、成像直观等优点，目前，国内应用的激光探测仪多为进口，国际上主要的激光测量系统生产商有英国 MDL 公司、加拿大 OPTECH 公司、澳大利亚 I-SITE 公司、美国 CYRA 公司、奥地利 RJEGL 公司、德国 CALLIDUS 公司等。

2.1.2.3　声呐探测技术

声呐就是利用水中声波对水下目标进行探测、定位和通信的电子设备，是水声学中应用最广泛、最重要的一种装置。它是 SONAR 一词的"义音两顾"的译称，SONAR 是 Sound Navigationand Ranging（声音导航测距）的缩写。

声呐技术至今已有 100 多年历史，它是 1906 年由英国海军的刘易斯·尼克森所发明。他发明的第一部声呐仪是一种被动式的聆听装置，主要用来侦测冰山。这种技术，在第一次世界大战时被应用到战场上，用来侦测潜藏在水底的潜水艇。

目前，声呐是各国海军进行水下监视使用的主要技术，用于对水下目标进行探测、分类、定位和跟踪；进行水下通信和导航，保障舰艇、反潜飞机和反潜直升机的战术机动和水中武器的使用。此外，声呐技术还广泛用于鱼雷制导、水雷引信，以及鱼群探测、海洋石油勘探、船舶导航、水下作业、水文测量和海底地质地貌的勘测等。

在水中进行观察和测量，具有得天独厚条件的只有声波。这是由于其他探测手段的作用距离都很短，光在水中的穿透能力很有限，即使在最清澈的海水中，人们也只能看到十几米到几十米内的物体；电磁波在水中也衰减太快，而且波长越短，损失越大，即使使用大功率的低频电磁波，也只能传播几十米。然而，声波在水中传播的衰减就小得多，在深海声道中爆炸一个几公斤的炸弹，在两万公里外还可以收到信号，低频的声波还可以穿透海底几千米的地层，并且得到地层中的信息。在水中进行测量和观察，至今还没有发现比声波更有效的手段。

声呐装置一般由基阵、电子机柜和辅助设备三部分组成。基阵由水声换能器以一定几何图形排列组合而成，其外形通常为球形、柱形、平板形或线列行，有接收基阵、发射基阵或收发合一基阵之分。电子机柜一般有发射、接收、显示和控制等分系统。辅助设备包括电源设备，连接电缆，水下接线箱和增音机，与声呐基阵的传动控制相配套的升降、回转、俯仰、收放、拖曳、吊放、投放等装置，以及声呐导流罩等。

换能器是声呐中的重要器件，它是声能与其他形式的能（如机械能、电能、磁能等）相互转换的装置。它有两个用途：一是在水下发射声波，称为"发射换能器"，相当于空气中的扬声器；二是在水下接收声波，称为"接收换能器"，相当于空气中的传声器（俗称"麦克风"或"话筒"）。换能器在实际使用时往往同时用于发射和接收声波，专门用于接收的换能器又称为"水听器"。换能器的工作原理是利用某些材料在电场或磁场的作用下发生伸缩的压电效应或磁致伸缩效应。

声呐的分类可按其工作方式、装备对象、战术用途、基阵携带方式和技术特点等分为各种不同的声呐。例如按工作方式可分为主动声呐和被动声呐；按装备对象可分为水面舰艇声呐、潜艇声呐、航空声呐、便携式声呐和海岸声呐等。

主动声呐：主动声呐技术是指声呐主动发射声波"照射"目标，而后接收水中目标反射的回波以测定目标的参数。大多数采用脉冲体制，也有采用连续波体制的。它由简单的回声探测仪器演变而来，它主动地发射超声波，然后收测回波进行计算，适用于探测冰山、暗礁、沉船、海深、鱼群、水雷和关闭了发动机的隐蔽的潜艇。

脉冲测距是利用接收回波和发射脉冲信号间的时间差来测量距离的方法。在已知声速的情况下。若只要测量声脉冲往返时间即可求得目标距离，即

$$R = \frac{1}{2}vT \qquad\qquad (2\text{-}23)$$

式中　　R——测量距离，m；

　　　　v——声速，m/s；

　　　　T——声脉冲往返时间，s。

其中，声速在不同介质中是变化的，需要当时测量。

2.2　金属矿山采空区探测方法

2.2.1　金属矿山采空区探测的特殊性

金属矿隐覆采空区不同于一般地下溶洞与地质异常体，在形成过程中，主要是由房柱法、分段空场法、留矿法等采矿方法开采形成，或由掠夺式开采的民采形成，受岩层特性、采矿工艺的影响，在时空上呈现如下特征：

（1）采空区在地表以下，具有隐伏特征。

（2）初始采空区位于矿体内，产状受矿体边界控制。

（3）原生采空区受岩石自重作用，随时间推移会向上发展，形成次生采空区。原生采空区与次生采空区构成新的采空区，其边界异常复杂，是时间的函数。

（4）采空区在高度上呈多层分布，其纵剖面具有不规则性，采空区距地表埋藏较深时，上覆岩层复杂，直接顶板位于矿体开采移动境界内。

（5）采空区内多数除空气外，也可能有充填物、水等物质存在。

（6）采空区十分复杂，平面上呈多层重叠现象，或呈蜂窝状，在平面上出现重叠。

金属矿隐覆采空区探测方法选择本身是一个十分复杂的问题，不仅与待测采空区的形成方式、形成特点、周围岩层介质的物理力学性质有关；而且与采空区上方的地形地貌、地下水、岩石元素含量与组成、岩层内节理裂隙及其发育程度、采空区几何空间位置、埋藏深度等相关。不同矿山的采空区，其探测方法不同。

2.2.2　金属矿山采空区探测方法的适用性

2.2.2.1　采空区探测方法的适用性分析

对于金属矿山地采或民采形成的隐覆采空区，根据上述分析，结合金属矿山采空区探测的特点与井下实际情况，基于金属矿山采空区的勘探特性，从安全、技术、经济的角度选择合适的探测方法，其勘探特点与技术参数见表2-1。

表 2-1 采空区常见探测方法的特性比较

方法名称	电法		电磁法			地震波			其他方法		
	高密度电法	电阻率测井	井间电磁波法	地质雷达法	瞬变电磁法	浅层地震波法	瑞雷波法	强震源地震波法	3D激光探测法	人工实测法	钻孔法
特点	施工快捷，数据量大，可靠性好	测深大，可靠性高，适用范围广，但一次信息量少	分辨率高，探测效果好，但要先布置钻孔，成本高	测量简便，速度快，但精度受多种因素影响，且测深有限	受场地影响，结果误差大，对复杂采空区难以判断	施工方便，分辨率低，采空区探测效果差	施工方便，要求很高的解释技术	分辨率低，施工复杂，探测成本高	精确、直观，但设备昂贵，需先知空区位置，并布置钻孔或巷道	直观、精确，劳动强度大，安全性差	直观、精确，成本高，安全性差，进度慢
利用岩层性质	视电阻率差异	视电阻率差异	电磁波传播速度差	波形与波幅差	脉冲波速差	地震反射波到达时间差	地震波传播速度差	地震反射波到达时间差	光波岩壁反射时差		
勘探深度	300m	100m	30m	30m	800m	100m	30m	数千米	200m	无限制	200m
勘探形状	多层复杂采空区	多层复杂采空区	多层复杂采空区	单层采空区	多层复杂采空区	多层复杂采空区	多层复杂采空区	多层复杂采空区	单层采空区	多层复杂采空区	多层复杂采空区
测量物理量	$\rho(\tau)$	$\rho(\tau)$	$V(t)$	λ	$\rho(\tau)$ $S(\tau)$	t	V_t	t	L	L	W

2.2.2.2 地质超前预报方法适用性分析

通过分析金属矿山探测的特殊性，弹性波法能较好地对巷道掘进中空区和水害进行超前预报。因此，对弹性波法进行如下比较，见表 2-2。

表 2-2 弹性波法超前预报适用性

方法	优点	缺点	适用性
TSP 超前预报技术	预报距离相对较长、精度较高，提交资料及时、经济	对不规则形态的地质缺陷或与隧洞轴线平行的不良地质体（如几何形状为圆柱体或圆锥体）的溶洞、暗河及含水情况探测有一定的局限性	主要用于隧道施工
地震负视速度法	实施预报时不占用开挖工作面，对施工干扰相对较小	数据处理软件尚不完善	目前主要用于铁路隧洞工程
钻孔弹性波 CT 技术	可直观地以剖面形式显示出两钻孔间地质异常体赋存的状态，从而确定异常范围	需提前打钻孔，利用放炮产生震源，爆炸产生地震波时高频信号迅速衰减，对操作人员的要求比较高	主要用于各种巷道和隧洞工程

方法	优点	缺点	适用性
TST 超前预报技术	可准确预报断裂带、破碎带、岩溶发育带以及岩体工程类别变化等地质对象的位置、规模和性质	洞内观测时检波器需埋入岩体 1~1.5m，否则声波和面波干扰较大	主要用于各种巷道和隧洞工程
TRT 超前预报技术	采用锤击作为震源，不需耗材，仪器灵敏度高，最大程度地保留了高频信号，提高了精度及探测距离	在物探资料的解释中还存在多解性的问题。这种情况往往是由于复杂的地质条件和地球物理场理论自身的局限性造成的	适用于各种不良地质体的预测

2.2.3　金属矿山采空区灾害探测整体解决方案

通过比较各种空区探测方法的优缺点和适应环境，再根据测区条件的限制和工作要求，在地表采用瞬变电磁、高密度电法、地质雷达和在井下采用 TRT6000 层析扫描超前预报系统圈定采空区范围后设计钻孔，如果是含水空区，用空区三维声呐扫描仪得到采空区的空间形态，如果是无水空区，用空区三维激光扫描仪得到采空区的空间形态，以实现对研究区域的不明采空区进行探测。真空区隐患的综合探测流程如图 2-6 所示。

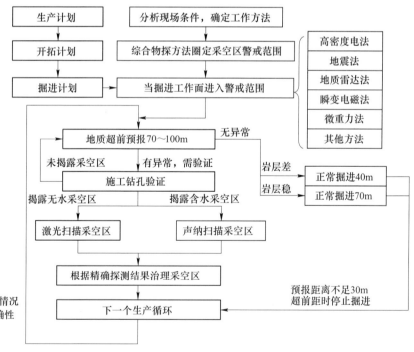

图 2-6　采空区隐患的综合探测流程

3 浅层未知采空区高密度
电法探测技术研究

高密度电法是以地下被探测目标体与周围介质之间的电性差异为基础，人工建立地下稳定直流电场，依据预先布置的若干道电极采用预定装置排列形式进行扫描观测，研究地下一定范围内大量丰富的空间电阻率变化，从而查明和研究有关地质问题的一种直流电法勘探方法。

高密度电法原理成熟，在地质构造、水文地质、工程灾害地质、考古、岩溶洞穴探测等各领域得到了广泛应用，解决了大量实际问题，创造了较好的社会效益及经济效益。与常规直流电法相比，高密度电法具有成本低、效率高、信息丰富等优点，可探测岩溶、洞穴、断层、破碎带、路基状态、道碴陷槽、采空区、翻浆冒泥和地质界线的产状等，用途广泛。

3.1 探测原理

高密度电法实际上是一种阵列勘探方法，它在二维空间内研究地下稳定电流场的分布，野外测量时，将数十个电极一次性布设完毕，每个电极既是供电电极又是测量电极。通过程控式多路电极转换器选择不同的电极组合方式和不同的极距间隔，从而完成野外数据的快速采集。图 3-1 为高密度电法测点分布示意图。当电极棒列间距为 Δx 时，测量电极距 $a = n \cdot r$，依次取 $n = 1$，2，$\cdots$，每个极距依固定的装置形式逐点由左至右移动来完成该极距的数据采集。对某一极距而言，其结果相当于电阻率剖面法，而对同一记录点处不同极距的观测又相当于一个电测深点。

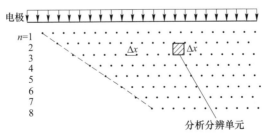

图 3-1 高密度电法电极排列方式及观测点分布示意图

高密度电法高密度的滚动扫描测量，既丰富了地电信息，提高了电性分辨能力，又减少了人为影响因素，提高了工作效率。当测量结果送入微机后，还可对数据进行处理并给出关于地电断面分布的各种物理解释的结果。电阻率层析成像又使高密度电法技术大大向前迈进了一步。因此，高密度电法的工作原理基于垂向直流电测深、电测剖面和电阻率层析成像。

（1）垂向直流电测深原理：直流电测深法是研究指定地点岩层的电阻率随深度变化的一种物探方法。该方法是在地面上以测点为中心，从近到远逐渐增加观测装置距离进行测量，根据视电阻率随极距的变化可划分不同的电性层，了解其垂向分布，计算其埋深及厚度。

（2）电测剖面原理：电测剖面法就是在供电和测量电极保持一定距离，按一定的探测深度，沿着测线方向逐点进行观测，获得电阻率曲线，以此反映一定深度内电性层的变化情况，即电阻率剖面法是研究岩层电阻率在一定深度范围内的水平方向上物性变化的探测方法。

（3）电阻率层析成像：层析成像，就是从调查对象的各个方向，收集其内部大量的投影数据，用其反映目标体内部的物性值分布，作为断面再构成图像的一种技术。最早的层析成像起源于医学中的 X 射线层析成像 CT。电阻率层析成像（简称电成像）是利用探测区周围在各个方向观测的直流电场来研究地下介质电阻率分布。在介质中发射一次电流，由于地下介质的不均一性，使得一次电流的分布发生变化，这一变化又引起电位的改变。介质中空间变化的电位，在地面和井孔中都可观测到。将观测到的电位转换成电阻率，因其是通过多方位观测得到的投影数据资料，故最终能用以进行电阻率层析成像。高密度电阻率法为电阻率层析成像提供了一个开拓性的思路，到 20 世纪 90 年代初，二维电阻率成像测量技术取得快速的发展，利用它可以重构地下介质的精确结构。

综上所述，高密度电法是基于电测深、电剖面和电成像，通过高密度电法测量系统中的软件，控制着在同一条多芯电缆上布置连接的多个电极，使其自动组成多个垂向测深点或多个不同深度的探测剖面。根据控制系统中选择的探测装置类型，对电极进行相应的排列组合，按照测深点位置的排列顺序或探测剖面的深度顺序，逐点或逐层探测，实现供电和测量电极的自动布点、自动跑极、自动供电、自动观测、自动记录、自动计算、自动存储。通过数据传输软件把探测系统中存储的探测数据调入计算机中，经软件对数据处理后，可自动生成各测深点曲线及各剖面层或整体剖面的图像。电成像则根据视电阻率实测值重建二维或三维介质真电阻率的分布图像，兼有电测深和电剖面方法的特点，可对直测线、井间和平面采用多种方式布极和观测，能以快捷高效的方式获取更丰富的地质信息，而且视电阻率、自然电位和激发极化数据均可以利用。介质真电阻率二维（或三维）分布的图像重建，使探测的适用性、可靠性和准确性都大大提高。

相对于常规电法仪器。高密度电法勘探具有以下优点：

（1）电极布设一次完成；

（2）能有效地进行多种电极排列方式的扫描测量；

（3）数据采集实现了自动化，可以对资料进行预处理并显示剖面曲线形态；

（4）与传统的电阻率法比，成本低、效率高、信息丰富、解释方便，勘探能力显著提高。

3.2 岩石电阻率测量

高密度电阻率法是以不同岩（矿）石之间导电性能差异为基础，通过观测和研究人工电场的地下分布规律和特点，实现解决各类地质问题的一种勘探方法。高密度电阻率法实质是通过接地电极在地下建立电场，以电测仪器观测因不同导电地质体存在时地表电场的变化，从而推断和解释地下地质体的赋存状态，达到解决地质问题的目的。

众所周知，电阻率 ρ 是描述物质导电性能优劣的一个电性参数。从物理学中已知，当电流垂直流过单位长度、单位截面积的体积时，该体积的物质所呈现的电阻值即为该物质的电阻率，并用下式计算其数值大小：

$$\rho = \frac{R \times S}{L} = \frac{\Delta U}{I} \times \frac{S}{L} (\Omega \cdot m) \tag{3-1}$$

显然，物质电阻率越低，电导率越大，其导电性越好；反之，其导电性就越差。

天然岩（矿）石都是由矿物组成的，按导电机理而论，固体矿物可分为 3 类，即金属导电类矿物、半导体类导电矿物、固体离子类导电矿物。金属类导电矿物包含各种天然金属，如自然金、银、铜、镍等，它们的电阻率值很低，有很好的导电性能；半导体类导电矿物几乎包括了所有的金属硫化物和金属氧化物，它们的电阻率变化范围较大，常被称为中等导电性矿物；固体离子类导电矿物包括绝大多数造岩矿物，如石英、长石、云母、方解石、辉石等，这类矿物都属于固体电解质，它们的电阻率值都很高，称为劣导电性矿物，在干燥的状态下几乎是绝缘体。

由上述可知，不同的天然岩（矿）石有不同的电阻率，同种岩（矿）石因赋存条件不同也会表现出不同的电阻率。因此岩（矿）石所组成的地质体的不同电阻率是高密度电阻率法勘探、推断和解释地下地质体的一个基本的条件。

3.2.1 均匀大地中电阻率的测定

高密度电阻率法是利用人工在地下建立稳定电流场的方法来揭示地下不同岩（矿）石分布规律的，由电场理论可知，稳定电流场遵循欧姆定律和克希霍夫第一定律。稳定电流场与静电场一样，也是势场，用公式表达为：

$$E = j\rho \tag{3-2}$$
$$\mathrm{div}j = 0 \tag{3-3}$$
$$E = -\mathrm{grad}U \tag{3-4}$$

式（3-3）为欧姆定律的微分形式，该式对任何一点都是成立的，故适用于任何形状的不均匀导电介质和电流密度不均匀分布的条件。

式（3-4）为克希霍夫定律的微分形式。该式表达了导电介质中，稳定电流场除场源外任何一点的电流密度的散度恒等于零。其物理意义为：外源头任何处不会有电荷堆积，电流线总是连续的，不会在场中无源消失，也不会无源而生。将式（3-3）代入式（3-4）中便可以得出：

$$\mathrm{div}\frac{1}{\rho}\mathrm{grad}U = 0 \tag{3-5}$$

在均匀介质中，ρ 为常数，故应满足：

$$\mathrm{div}\mathrm{grad}U = \nabla^2 U = 0 \tag{3-6}$$

此式为拉普拉斯方程，是均匀导电介质中求解稳定电流场的基本公式，也就是稳定电流场在任意一点的点位方程。

为在地面下建立稳定的电流场，通常是用两个接地电极将电源两端接地，从而使电流通过导电的大地与电源构成回路。在测定均匀大地的电阻率时，除需要建立各类电流源的电源、供电极外，还需要测量极，如图 3-2 所示：A、B 为供电极，M、N 为测量极。利用电测仪器测定 MN 电极间的电位差和 AB 回路的供电电流，来达到测定电阻率的目的。

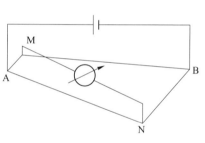

图 3-2　四极装置示意图

根据拉普拉斯方程，AB 电极供电时，MN 电极之间的电位差是：

$$\Delta U_{\mathrm{MN}}^{\mathrm{AB}} = U_{\mathrm{M}}^{\mathrm{AB}} - U_{\mathrm{N}}^{\mathrm{AB}} = \frac{I\rho}{2\pi}\Big(\frac{1}{\mathrm{AM}} - \frac{1}{\mathrm{AN}} - \frac{1}{\mathrm{BM}} + \frac{1}{\mathrm{BN}}\Big) \tag{3-7}$$

从而可以导出电阻率的表达式为：

$$\rho = \frac{2\pi}{\dfrac{1}{\mathrm{AM}} - \dfrac{1}{\mathrm{AN}} - \dfrac{1}{\mathrm{BM}} + \dfrac{1}{\mathrm{BN}}} \times \frac{\Delta U}{I} = K\frac{\Delta U}{I}(\Omega \cdot \mathrm{m}) \tag{3-8}$$

令：

$$K = \frac{2\pi}{\dfrac{1}{\mathrm{AM}} - \dfrac{1}{\mathrm{AN}} - \dfrac{1}{\mathrm{BM}} + \dfrac{1}{\mathrm{BN}}} \tag{3-9}$$

式中，K 为电极排列系数（或装置系数），是一个仅与各电极间空间位置有关的量。在实际工作中，电极形式可多种多样，但电极的排列形式和电极距一经确定，K 值便可以计算出来。

3.2.2 非均匀介质中的稳定电流场及视电阻率计算

实际上，均匀的大地是不存在的。式（3-8）应用的条件是：地面为无限大的水平面，地下充满均匀各向同性的导电介质，满足这些条件得出的才是大地的电阻率。然而，实际中常常不能满足这些条件，地形有高有低，地下介质也不均匀，各种岩石相互重叠，断层裂隙纵横交错等。这种条件下得出的电阻率值是地下半空间体的综合响应，称之为视电阻率 ρ_s：

$$\rho_S = K\frac{\Delta U}{I}(\Omega \cdot m) \tag{3-10}$$

视电阻率虽然不是岩（矿）石的真实电阻率，但却是地下电性不均匀体和地形起伏的一种综合反映。故可以利用其变化规律以发现和探查地下介质的分布状况，以达到解决地质问题的目的。

在计算视电阻率中，需要将电阻率与电场的分布联系起来，上式的电位差可表示为：

$$\Delta U = \int_N^M E_{MN} \cdot dl = \int_N^M j_{MN} \cdot \rho_{MN} dl \tag{3-11}$$

式中，E_{MN} 和 j_{MN} 为测量电极间任意点沿 MN 方向的电场强度分量和电流密度分量；ρ_{MN} 为测量电极间任意点的岩石电阻率；dl 为测量电极间任意点沿 MN 方向的长度单元。将视电阻率表达式代入式（3-11）可得出：

$$\rho_S = \frac{K}{I} \cdot \int_N^M E_{MN} \cdot dl = \int_N^M j_{MN} \cdot \rho_{MN} dl \tag{3-12}$$

由电位差表达式可以看出，视电阻率在数值上与 MN 间沿地表的电流密度和电阻率的分布有关，而地表电流密度分布既受地表电阻率分布影响，也受到地下电性不均匀体的影响。因此在电极排列一定的条件下，视电阻率的变化由地表及地下电阻率分布所决定。当 MN 很小时，可将 MN 范围内的电场强度视为不变，可以简化为：

$$\rho_S = \frac{K}{I}E_{MN} \cdot MN = \frac{K \cdot MN}{I}j_{MN} \cdot \rho_{MN} \tag{3-13}$$

为与正常电场相比较，设地面水平，地下均匀各向同性岩石的电阻率为 ρ，MN 间电流密度为 j_o。此时上式可写为：

$$\rho_S = \frac{K \cdot MN}{I}j_o \cdot \rho \tag{3-14}$$

因讨论的是均匀介质，故 ρ_S 应等于 ρ，于是有：

$$\frac{K \cdot MN}{I} = \frac{1}{j_o} \tag{3-15}$$

将上式代入电阻率表达式可以得出：

$$\rho_S = \frac{j_{MN}}{j_o}\rho_{MN} \tag{3-16}$$

此式为视电阻率的微分方式，是测量过程中获取的数据，也是反演分析的基础数据，根据此数据利用其变化规律以发现和探查地下介质的分布状况，已达到解决地质问题的目的。

常见矿岩、矿物和各种天然水的电阻率见表3-1~表3-3。

表3-1　常见矿岩的电阻率（干燥状态）

火成岩		变质岩		沉积岩	
岩石名称	电阻率/Ω·m	岩石名称	电阻率/Ω·m	岩石名称	电阻率/Ω·m
花岗岩	$3\times10^2 \sim 10^5$	熔岩	$1\times10^2 \sim 5\times10^4$	砾岩	$2\times10^3 \sim 1\times10^4$
花岗斑岩	1.3×10^6	辉长岩	$1\times10^3 \sim 5\times10^6$	砂岩	$1\sim6.4\times10^3$
正长岩	1.0×10^6	玄武岩	1.3×10^5	白云岩	$3.5\times10^2 \sim 5\times10^3$
闪长岩	1.0×10^5	伟晶岩	6.3×10^3	泥灰岩	$3\sim70$
玢岩	3.3×10^3	角页岩	6.0×10^7	黏土	$1\sim100$
石英斑岩	$3\times10^2 \sim 9\times10^5$	片岩	$20\sim1\times10^4$	冲积土	$10\sim800$
石英闪长岩	1.8×10^5	大理岩	2.5×10^5	砂	$10\sim800$
闪长斑岩	2.8×10^4	矽卡岩	2.5×10^8	固积页岩	$20\sim2000$
安山岩	1.7×10^2	石英岩	$10\sim2\times10^5$	泥质斑岩	$10\sim800$
辉绿斑岩	1.7×10^5	凝灰岩	1.1×10^5	未固结黏土	$20\sim1000$
采空区	∞	采空区	∞	采空区	∞

表3-2　常见矿物的电阻率

$10^{-6}\sim10^{-3}$/Ω·m	$10^{-3}\sim1$/Ω·m	$1\sim10^3$/Ω·m	$10^3\sim10^6$/Ω·m	$\geqslant10^6$/Ω·m
斑铜矿	毒砂	辉锑矿	钛铁矿	角闪石
石墨	方铅矿	辉铋矿	辰砂	石膏
铜蓝	赤铁矿	黑钨矿	褐铁矿	岩盐
磁铁矿	白铁矿	锡石	赤铁矿	石榴子石
黄铁矿	黄铁矿	赤铁矿	蛇纹石	方解石
	黄铜矿	菱铁矿	闪锌矿	石英
	辉钼矿	铬铁矿	铬铁矿	萤石

表3-3　各种不同天然水的电阻率

水类名称	雨水	河水	地下水	矿井水	海水	咸水
电阻率/Ω·m	$\geqslant100$	$0.1\sim100$	$\leqslant100$	$1\sim10$	$0.1\sim10$	$0.1\sim1$

3.3 高密度电法装置采集方式

根据供电电极和测量电极的空间位置关系，归纳出几种装置形式：二极装置、单边三极装置、温纳装置、偶极装置和斯龙贝格装置等。这些方法具有各自的优缺点以及相应的限制条件，因此在实际工作应该根据具体情况解决实际问题、测试场地的地电条件和地形条件，选择比较合理的装置形式进行。

3.3.1 二极装置

高密度电阻率法二极装置电极排列的采集原则是将一个供电电极 B 极和测量电极 N 极置于"无穷远"，然后 A 电极供电，M 电极依次进行电位测量。二极装置的装置形式的工作示意图如图 3-3 所示。

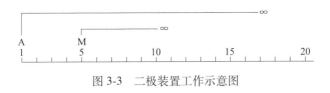

图 3-3   二极装置工作示意图

装置系数 $K=2\pi na$，其中 a 为电极间距，n 为隔离系数，$AM=na$。每次测量的数据点放在供电电极 A 和测量电极 M 的正中间。

在实践中，理想的二极装置中的无穷远是不存在的。为了近似做到二极装置，供电电极 B 和测量电极 N 必须放置到大于 20 倍的 AM 最大距离之外的地方，这样才能保证误差小于 5%。因此，如果在地形复杂的场地布置测线，远极的位置有时很难满足。另外远极的影响程度同 AM 与 BM 距离的比值近似成比例，因此这种装置形式的另一个缺点是由于两个测量电极之间距离过大，会接收到大量的地电干扰，导致分辨率降低，大大降低测量的质量。因此这种装置形式主要用在小极距（小于 10m）的勘探中。虽然二极装置的分辨率低，但用该种装置探测时水平有效宽度最大，有效探测深度也最深。

二极装置对横向范围大的异常体采集效果好，适用于探测岩性分界面，对于呈层状地质体和硐室形异常体探测也可满足。采用二极装置形式探测时，测试深度应是目的物异常体尺寸的 2~3 倍。

3.3.2 三极装置

在野外工作时，需要设置一个无穷远极 B（A 三极）或者 A（B 三极），然后用一组测量电极 M、N 测量距离供电电极不同距离的电位差，实现对地下地质体的探测。其采集形式如图 3-4 所示。

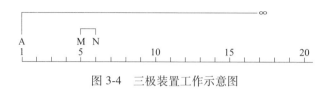

图 3-4　三极装置工作示意图

装置系数 $K = 2\pi n(n + 1)a$，其中 a 为电极间距，n 为隔离系数，$AM = na$，$MN = a$。

三极装置探测时数据水平宽度较大，信号强度比偶极装置强，抗干扰能力比二极装置好。与其他装置形式不同，三极装置是不对称的，因此原本对称的结构体在测量中得到的视电阻率异常也是不对称的。在某些情况下，这种视电阻率的不对称性会影响到反演后得到的模型。为了消除这种不对称性，通常还要进行反向测量，通过正向和反向的测量即可消除这种不对称性。

A 三极装置的远极 B 极必须放置在距离测线足够远的地方，B 极的影响程度近似与 AM 同 NB 距离的平方成比例。因此，三极装置远极的影响比起二极装置远极的影响要轻一些。如果 B 极距测线的距离大于 5 倍的 AM 的最大距离，由忽视 B 极的影响带来的误差将小于 5%（确切的误差也依赖于 N 极的位置和地下的电阻率分布）。

由于有效探测宽度较大，这是一种很有效的装置形式，它的信号强度比温纳装置和温纳斯龙贝格装置要弱，但比偶极装置要强。在考虑地形因素的条件下，该装置信号强度更强（相对于偶极装置），误差更低（相对于温纳装置和温纳斯龙贝格装置），使得这种装置成为一种有效的选择。

三极装置的信号强度随着隔离系数"n"的平方的增长而降低。虽然这种规律不像偶极装置那样明显，但"n"值的选取最好不要大于 8～10。除此以外，MN 之间的间距"a"应适度增大以获得更强的信号。

当采用三极装置形式探测时，测试深度应该是目的物异常体的尺寸的 4 倍及更大。

3.3.3　温纳装置

温纳装置工作示意图如图 3-5 所示。装置系数 $K = 2\pi na$，其中 a 为电极间距，$AM = MN = NB = na$，测量时将 MN 范围内测得的视电阻率标在 MN 中点下。

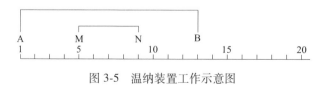

图 3-5　温纳装置工作示意图

温纳装置对整个排列中间部分的地下垂直电阻率变化有较强的敏感性，对地表以下的横向电阻率变化就不怎么敏感了。通常，温纳装置探测垂直变化的结构（如水平层状结构）较为适用，对水平变化的结构（如较窄的垂直结构）能力稍差。用温纳装置探测的中间深度大约是 0.5 倍的"a"值，相对于其他装置形式来说，这个深度比较适中。温纳装置的信号强度同装置系数成反比例。温纳装置的装置系数是 $2\pi a$，这比其他装置的装置系数都要小。在常用的几种装置形式中，温纳装置的信号强度最强，在地电干扰很强烈的情况下，温纳装置是一个很好的选择。不过温纳装置的数据排列图形为梯形，进行二维勘探时，深度越深，水平覆盖越小，因此如果极距过大，则探测的有效宽度较窄。如果电极很少的情况下这会成为困扰。

当采用温纳装置形式探测时，测试深度应该是目的物异常体尺寸的 3~4 倍左右。

3.3.4 偶极装置

偶极装置工作示意图如图 3-6 所示。装置系数 $K = \pi n(n+1)(n+2)a$，其中 a 为电极间距，n 为隔离系数，$AB = MB = a$，$BM = na$。

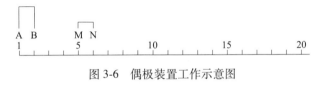

图 3-6 偶极装置工作示意图

由于供电电路和测量电路之间的电磁耦合较好，这种装置曾广泛应用，并且至今还应用在考虑地形因素的探测中。供电电极对之间的距离"a"与测量电极对之间的距离相同，BM 之间的距离同 AB（或 MN）之间距离的比值称为"n-n"。对这种装置形式来说，"a"值是固定的，"n"值可以随着调查深度的加大提升从 1 提升到 2，3，甚至 6。电阻率值变化最灵敏的位置在 AB 电极对和 MN 电极对之间，这意味着这种装置形式对偶极对之间的电阻率变化非常敏感，灵敏性等高线几乎是垂直的。因此偶极装置形式对水平方向的电阻率变化非常敏感，但是对垂直的电阻率变化就不那么敏感。这就意味着这种装置形式在探究纵向结构（如沟壑和洞穴）时效果比较好，探究横向结构（如岩床和沉积层）时效果就稍差。偶极装置的探测深度取决于"n"值和"a"值。一般说来，这种装置探测深度比温纳装置要浅，但是在二维调查中，它比温纳装置的水平有效探测宽度要宽。

偶极装置的一个可能的缺点是当"n"值过大时得到的信号强度非常小。电压同"n"值的立方成反比例，当"n"从 1 提高到 6 而电流不变的情况下，电压值要降低大概 200 倍。一个解决的办法是当加长测线的长度来增大探测深度时可用提高偶极对之间的距离 "a" 值的方法来减少电压的降低。同样的测线长度但是不同的 "a" 值和 "n" 值，"n" 值较小的信号强度比 "n" 值较大的信号强度要大很多。

为了更有效地使用这种装置，采集仪器需要有相当高的灵敏性和很好的抗干扰能力，并且探测时电极和地面之间的接触要好。有了良好的野外设备和正确的探测技术，偶极装置已经在很多地区广泛应用于探测水平变化明显的结构（如洞和空穴等），这也是这种装置的一个主要优点。

3.3.5　斯龙贝格装置

斯龙贝格装置工作示意图如图 3-7 所示。装置系数 $K = \pi n(n+1)a$，其中 a 为电极间距，n 为隔离系数，$MN = a$，$AM = NB = na$。

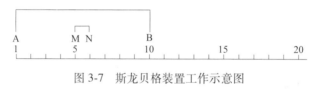

图 3-7　斯龙贝格装置工作示意图

将温纳装置和斯龙贝格装置结合，形成了温纳-斯龙贝格装置，这种装置形式经过修饰，用在极距固定的系统中。隔离系数 "n" 是 A、M 和 M、N 间距的比值。斯龙贝格装置的灵敏性模式同温纳装置有轻微的不同，在测线的中央有轻微的垂直曲率，并且在 A、B 和 M、N 之间的区域灵敏性稍低，在 M 极和 N 极之间灵敏性高。这意味着这种装置形式同时适用于水平和垂直结构。在预期同时有两种地质结构的时候，这种装置形式是不错的选择。在同样的测线布置下，温纳-斯龙贝格装置的中央探测深度比温纳装置深 10%，但信号强度比温纳装置低，不过比偶极装置要高。

温纳装置是这种装置形式的一种特殊形式，隔离系数 "n" = 1。从数据的排列方式看，相对于温纳装置，温纳-斯龙贝格装置有稍好一些的水平覆盖。温纳装置的每层数据都比上一层数据少 3 个，而温纳-斯龙贝格装置每层的数据则比上一层少 2 个，水平覆盖的数据要比温纳装置略宽，但比偶极-偶极装置要窄。

3.4　临淄采空区坍塌至热电厂坍塌高密度电法探测及钻探验证

3.4.1　测线布置

本次根据召口矿矿体分布及工程布置情况，再结合地表和电厂塌陷坑实际情况，在北金热电厂共布置了高密度测线两条（图 3-8）。

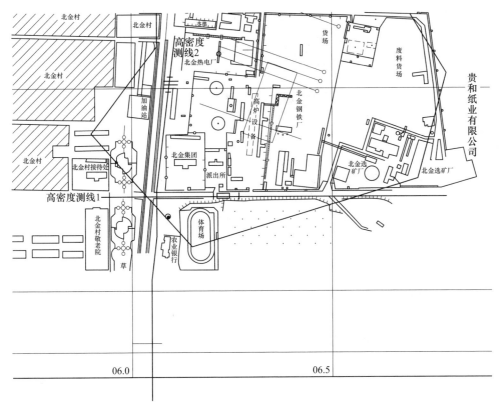

图 3-8　测线布置

3.4.2　结果分析

3.4.2.1　电厂东西线（测线 1）

该勘探线起于北金村敬老院附近，中间路过派出所，到达北金选矿厂附近，布置测点 80 个，极距 12m，布线全长约 900m 长度，探测深度为 171m（图 3-9）。

通过反演图分析，图 3-9 上主要有三个异常区域。其一是布线长度为 300~396m 区域的红色部分，其深度为 30~90m，为派出所门口，此处电阻值显著增大，甚至达到 10000Ω·m，疑为空洞存在，根据召口矿提供的北金召矿床 N17 钻孔地质柱状图记载，在勘探井深 40.48m 以下裂隙溶洞发育，在 50.48~63.48m 之间为溶洞，充填有红色黏土，该处距 N17 号钻孔距离约 200 多米，地层信息具有相似性，故推测该处可能为溶洞。其二是布线长度为 492~588m 区域，形成了一个小电阻的贯通区域，为球团厂门口附近，此处地

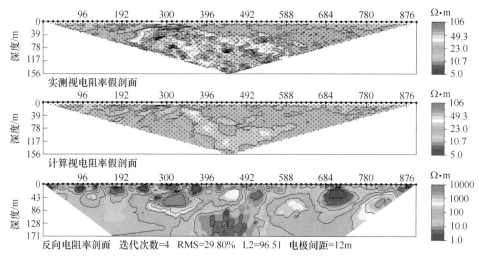

图 3-9   电厂东西线

下并没有空洞的存在，可能是潜水层下渗的一个过水通道。其三是布线长度为 684m 左右区域，该处形成了以低阻抗的闭合区域，没有向纵深发展，距地表最大深度约为 80m，可能是第四系与基岩连接部位形成的一个潜水储存带，与金岭铁矿区召口矿区北金召矿床 5 线水文地质剖面图 5-6、5-7、5-8 之间的地质情况较为相近。

3.4.2.2   电厂南北线（测线 2）

该勘探线起于隆盛钢铁厂西门，由北向南布置，最终到中金村移动营业厅附近，全长 960m，测深约 90m（图 3-10）。

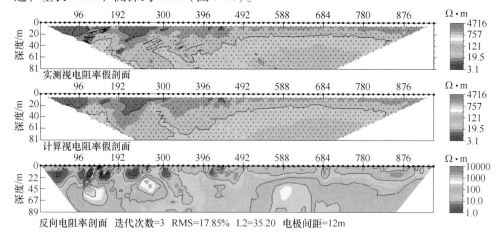

图 3-10   电厂南北线

根据 2014 年 1 月《山东金岭矿业股份有限公司召口矿区安全现状评价报告》中记载，北金召矿床矿体走向北 30°东，倾向南东，浅部倾向 30°～40°之间，-240m 以下倾角在 50°～65°之间，矿体上部埋深标高-68m，矿体底部埋藏标高-734m。由反演图分析，该条勘探线主要存在一个异常点，位于测线 100～145m 之间，坐标为（（1）$X = 606096.8$，$Y = 4084528.2$；（2）$X = 606092.3$，$Y = 4084489.1$），深度由地下 30～60m 之间，此处地表对应建筑物为商品房附近，根据查看北金召矿床 N3 和 N4 勘探线地质剖面图，异常点下方 150m 处存在厚大矿体，但经询问矿方未采这部分矿体，而地表商品房门口水泥地出现了 1 条裂纹，最宽处能达到 3cm，且还在进一步发育中，异常区域可能为地下采矿活动引起的，应进一步采取钻探或物探进行确认，并及时处理异常区域。

3.4.3 钻探验证

2015 年 7 月，山东金岭矿业股份有限公司委托淄博昊兴水业工程有限公司对电法探测测线 2（电厂南北线）的异常区域进行钻探验证（图 3-11）。异常区域位于测线 100～145m 之间，坐标为（（1）$X = 606096.8$，$Y = 4084528.2$；（2）$X = 606092.3$，$Y = 4084489.1$），深度由地下 30～60m 之间。

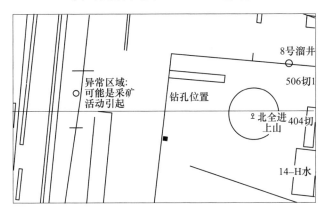

图 3-11 钻探钻孔位置

钻孔位置：$X = 606096.8$、$Y = 4084528.2$、$Z = 41.09$（北京 54 坐标）

　　　　　　$X = 606092.2$、$Y = 4084512.6$、$Z = 41.09$（西安 80 坐标）

孔深：61.28m

孔径：孔深 0～34.5m 处为 $\phi273mm$，34.5～61.28m 为 $\phi146mm$

钻探结果为：地表至孔深 33.5m 为第四系地层，其中 30～33.5m 含大块卵石，粒径为 10～15cm。孔深 33.5～34.5m 为基岩风化层，孔深 34.5m 见完整基岩，34.5～38.5m 为白云质灰岩，岩芯较为破碎，孔深 38.5～61.28m 为奥陶系灰岩，致密完整，其中 51～53m 蜂窝状岩溶发育，岩芯较为破碎。

由此可判断，在钻孔位置地表至孔深 61.28m 范围内不存在裂隙和空区，物探结果的异常区域可以排除地下采矿活动引起的，而是由孔深 30~33.5m 含大块卵石、33.5~34.5m 基岩风化层、34.5~38.5mm 岩芯较为破碎和 51~53m 蜂窝状岩溶发育岩芯较为破碎等共同作用，导致这一区域电阻率呈高阻异常。

4 深部未知采空区地质超前预报研究

4.1 TRT 与其他弹性波法适用性比较

TSP、TST 及 TGP 等方法主要采用的是二维排列布置，炮检互换原则，在隧道的侧壁上布置呈直线的一排炮孔，分别激发，采用速度型或者加速度型传感器接收地震信号，TRT 超前预报在隧道中采用三维空间布置传感器，其检波器和激发的炮点呈空间分布，以便获得足够的空间波场信息，一点激发，多点接收。然后多次重复该过程，在不同的位置激发地震波，得到多组地震波传播数据，运用专业运算程序对其进行数据处理，得到三维反射层析成像图。通过软件图像显示程序，可以任意角度地旋转观察反射区域的形态，能最大限度地针对地质构造异常进行观察解释，从而使前方地质缺陷的定位精度大大提高，这与垂直剖面法的观测方式明显不同；它的数据处理关键技术是速度扫描和偏移成像，不需要走时，因此，对岩体中反射界面位置的确定、岩体波速和工程类别的划分都有较高的精度，较 TSP 方法有较大的改进。

TRT 技术可以选择在隧道的任何位置激发，以使得某一类型的地震波传播能更好地被传感器接收，相当于可选择不同的地震波类型来解决不同的地质构造解释问题。当选择在隧道靠近掌子面附近，隧道洞身边墙位置激发地震波，由于隧道边墙与掌子面接近垂直，因此地震横波的能量传播更明显，传感器接收到的信号中，横波的能量更强，而地震横波对隧道前方含水区域的反射信号最强，进而使用其特性来判断隧道掌子面前方含水区域的位置与大小。

当选择在隧道的掌子面上激发地震波时，地震纵波的能量传播更明显，信号相对于横波强，能更好地判断隧道掌子面前方的围岩级别及其他地质结构。

TRT 假定一个波速模型，根据传感器或者检波器接收到的地震波信号得到某一波形传播的时间，运用波速初始模型得到运算后的不良地质体的推测距离。然后根据实际情况修改模型参数，以求得到一个最大程度上符合实际的结果。

TRT 技术通过读取初始波（横波、纵波）的时间建立传播时间与距离散点图，找到一条合适的拟合曲线，该曲线的斜率即为初始横波或者初始纵波速度。

应用表明，该法在完整岩体中的探测距离可达 100~150m，在软弱土层和破碎岩体中尚可预报 60~120m。

表 4-1 列出了部分介质的速度和密度信息。

表 4-1　部分介质的速度和密度关系

介　质	P 波波速/m·s⁻¹	密度/kg·m⁻³
空　气	340	1.3
风化带	250~1000	1000~2500
水	1450~1600	1000
土壤、黏土、泥岩	250~3000	1400~2600
断层带	1000~3000	1500~2700
砂岩、页岩	2100~5500	2100~2800
岩　盐	2000~5500	2100~2900
石灰岩、白云岩	3400~7000	2500~2900
片岩、板岩	3500~5500	2600~3000
片麻岩、花岗岩	5000~7500	2500~3000
角闪岩	5500~7500	2800~3100
蛇纹岩	3600~5000	2400~3100
玄武岩、安山岩	5000~7000	2700~3200
辉长岩	6500~7000	2700~3300
橄榄岩	7900~8100	2800~3400

　　矿山井下工程与隧道等工程不同，一方面地质情况更为复杂，周边存在大量人工开挖工程干扰，岩体更为破碎；另一方面很少存在同隧道工程一样的较长距离直线段。因此需要采用布置更加灵活、能够三维成像、更便于携带、现场方便组织实施的设备。

4.2　地震波真反射层析成像超前预报方法

4.2.1　地震反射波基本理论

　　地震反射波超前预报技术，利用地震反射波超前预报隧道、井巷掘进面前方不明地质体，其地球物理前提（条件）是介质的弹性差异和地震波（弹性波）的传播。隧道、井巷环境下，尤其是存在地质灾害时，介质的弹性差异（速度和密度差异）是客观存在的，这就为地震波的传播，尤其是掘进面前方不良地质体的反射地震波传播提供了良好的物理条件和波场基础。由于实际地层并非一种理想的完全弹性介质，地震波在传播过程中部分能量被吸收、耗散，其明显特征是高频成分随距离的增加而衰减。引起地震波振幅变化的因素也较多，主要包括波前球面扩散、大地吸收、透射损失、散射和震源-接收器的方向性等，地震波的这些传播特征为我们进行隧道、井巷地质超前探测带来了不利因素，使接收到的波场复杂化，这就为数据处理增加了难度。另一方面，由于地震波是以矢量形式在地下传播的，采用三分量接收方式，能接收到多种类型的波动（纵波、转换横波等），为研究地震波的动力学特征及地下介质弹性参数提供新的信息和手段。

4.2.1.1　地震波类型

由于岩石质点之间存在弹性联系，当某个质点产生振动时，必然会引起周围相邻质点的振动，相邻质点的振动又引起更远一些质点的振动，这样弹性振动就在岩层中由近及远传播开去，形成地震波。根据地震波动理论，地震波的运动有很多种类型（图 4-1）。地震反射波超前预报技术属反射地震勘探方法，是借助反射波解决地质问题，反射波分为纵波（P 波）和横波（S 波），而横波包括 SV 波和 SH 波，它们的运动特征详如图 4-2 所示。

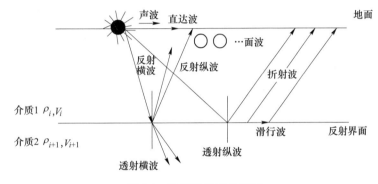

图 4-1　地震波的运动类型

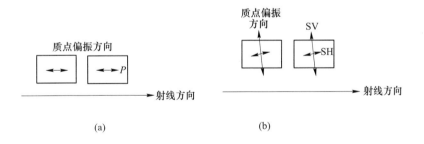

图 4-2　纵、横波运动特征

（a）纵波（P 波）运动特征；（b）横波（S 波）运动特征

介质中各质点的振动方向和波的传播方向是可以不同的，是两个完全不同的概念。介质中各质点的振动方向和波的传播方向相同的波为纵波（图 4-2（a））；介质中各质点的振动方向和波传播方向相垂直的波为横波，横波又可以分为两种：质点振动和射线都在通过测线的沿垂直平面内垂直振动的称垂直偏振横波（SV 波），质点在垂直于上述平面内水平振动称为水平偏振横波（SH

波）（图 4-2（b））。

平面波在弹性固体分界面上，当入射波为 P 波或 SV 波时，既可产生同类的反射波和透射波，也可转换产生不同类型的反射波和透射波；当入射波为 SH 波时，只产生同类的反射波和透射波。隧道、井巷中的特殊工作环境为激发 SH 波提供了较好的条件，针对单分量采集数据，这一性质会使数据处理非常简单、省事；由于横波与所通过介质的作用有别于纵波，这样横波资料作为纵波资料的补充，可以对岩性做出比较可靠的补充解释。因此，隧道、井巷中进行 P 波与 SV 波和 SH 波联合勘探潜力非常大。

4.2.1.2 波阻抗与振幅

当地震波入射到两种介质分界面时，通常会分成两部分，一部分回到第一种介质中，就是所谓的反射波；另一部分透射入第二种介质中，称为透射波，地震波波场旅行关系如图 4-3（b）所示。设有两种介质的分界面，用 ρ_1 和 ρ_2 代表第一种介质和第二种介质的密度，用 V_1 和 V_2 分别代表波在两种介质中的传播速度，把密度和速度的乘积称为波阻抗，也就是说，第一种介质的波阻抗是 $Z_1 = \rho_1 V_1$，第二种介质的波阻抗是 $Z_2 = \rho_2 V_2$，只有在 $Z_1 \neq Z_2$ 的条件下，地震波才会发生反射，Z_1 和 Z_2 的差别越大，反射波能量越强。地震反射波的振幅与反射界面的反射系数有关，当入射波振幅一定时，反射波振幅与反射系数成正比，而反射系数与反射界面两侧的密度和速度的乘积（波阻抗）和入射角度有关。地层岩石的声波速度和密度不仅与地震波的振幅有关，而且相邻地层的波阻抗差直接影响反射系数值的大小和极性，在同一地层中，它们的变化也直接反映了地下岩性的变化。

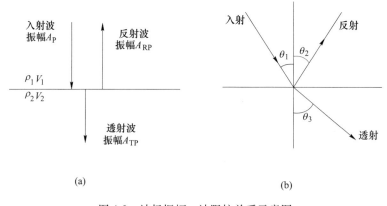

图 4-3　波场振幅、波阻抗关系示意图

（a）振幅能量分布图；（b）入射、反射和透射之间的关系

设入射波为 P 波，在反射界面上产生反射 P 波和透射 P 波，若分界面上、下介质的速度和密度乘积分别为 $\rho_1 V_1$ 和 $\rho_2 V_2$，则法线入射时的反射系数 R 为（非法线入射时服从佐布里兹方程）：

$$R = \frac{\rho_2 V_2 - \rho_1 V_1}{\rho_2 V_2 + \rho_1 V_1} \tag{4-1}$$

从式中可看出，反射地震波的能量强弱直接受岩石的速度和密度影响，如图 4-4 所示，波速差 1000m/s，密度差 0.1g/cm³，反射系数为 -0.13，即反射波能量只有 13%，而透射波的能量为 87%（不考虑黏弹介质波能量的损耗），由此可看出，反射波能量与入射波能量相比是非常微弱的。

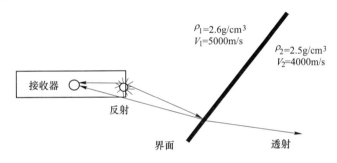

图 4-4　岩石变化对波阻能量的影响

反射系数决定了地震波的极性，当地震波穿过不同反射系数的地层时，其振幅极性要发生改变，反射系数为正，其极性为正，表明为相对较硬岩层；反之，其极性则为负，表明为相对较软岩层（实例见图 4-5）。

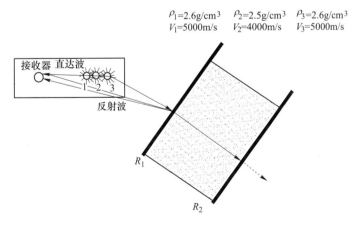

图 4-5　岩石变化对信号的影响

若记入射波振幅为 A_{P}，则反射波振幅 A_{RP} 和透射波振幅 A_{TP} 分别为：

$$A_{RP} = A_P \cdot R \tag{4-2}$$

$$A_{TP} = A_P \cdot (1 - R) = A_P \cdot T \tag{4-3}$$

式中，$1-R$ 为透射系数。

4.2.1.3　波前几何扩散

均匀各向同性理想弹性介质中波动方程式为：

$$\rho \frac{\partial^2 \overline{u}}{\partial t^2} = (\lambda + u) \nabla \theta + u \nabla^2 \overline{u} + \rho \overrightarrow{F} \tag{4-4}$$

式中，$\overline{u}$ 为介质质点受外力 $\overrightarrow{F}$ 作用后的位移；λ、u 为介质的弹性参数（拉梅常数）；ρ 为介质密度；$\theta = \nabla \cdot \overline{u}$；$\nabla$ 为梯度算子；$\nabla \cdot$ 为散度算子；∇^2 为拉普拉斯算子。

经变换后，可将上式分解为纵波（与外力的胀缩有关）和横波（与外力旋转有关）波动方程，分别为：

$$\frac{\partial^2 \theta}{\partial t^2} - V_P \nabla^2 \theta = \nabla \cdot \overrightarrow{F} \tag{4-5}$$

$$\frac{\partial^2 w}{\partial t^2} - V_S^2 \nabla^2 w = \nabla \times \overrightarrow{F} \tag{4-6}$$

式中，$w = \nabla \times \overline{u}$；$\nabla \times$ 为旋度算子；V_P 和 V_S 分别为纵波、横波速度；$V_P^2 = \lambda + 2\mu / \rho$，$V_S^2 = \mu / \rho$。

在胀缩点源作用下，仅产生纵波，其位移为：

$$\overline{u} = -\frac{1}{4\pi V_\rho^2} \left[\frac{1}{r^2} \varphi_1(t) + \frac{1}{r V_P} \varphi_1'(t) \right] \frac{\overline{r}}{r} \tag{4-7}$$

式中，$\varphi_1(t)$ 为震源强度；$\dfrac{\overline{r}}{r}$ 为径向单位向量；r 为点震源到观测点的距离。

由上式可知，对于近场源（即观测点靠近震源 $r \ll 1$）位移，真质点位移与震源强度成正比。对于远场（$r \gg 1$），第一项可以忽略，位移与 r 成反比，即随着传播时间推移，地震波能量以球面向外成几何扩散的形式传播，即随时间推移，波长变长，振幅变弱（图4-6）。这种波前几何扩散对地震波振幅的影响较大，几乎是其他因素的总和，此时波前扩散对振幅衰减影响可简化用如下函数表示（球面波的能量密度与传播距离的平方成反比）：

$$D = \frac{1}{r} = \frac{1}{Vt} \tag{4-8}$$

式中，D 为球面扩散引起的振幅衰减量；r 为波前传播的距离（球面半径）；V 为波前传播的平均速度；t 为波前旅行时。

由上式可知，地震波波前几何扩散振幅以 $1/r$ 形式衰减。

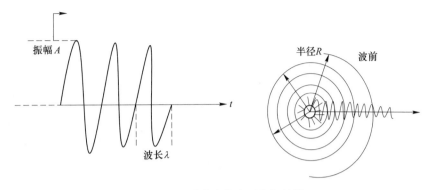

图 4-6 地震波波前球面几何扩散

4.2.1.4 地震波的吸收衰减

由于地下介质的非完全弹性和不均匀性，当地震波通过地层介质传播时，会出现波的吸收现象。此时，介质的振动粒子之间产生摩擦，地震波的一部分能量转换成热。地下介质弹性越好，能量损失就越少。这表明分选、胶结好的地层波的吸收作用也小。

在地震勘探中，地震波的振幅 A 随传播距离 r 的增加按指数规律衰减，即

$$A = A_0 e^{-\alpha r} \tag{4-9}$$

式中，A_0 为初始振幅；α 为吸收系数，用单位波长衰减的 dB 数表示。

介质的吸收系数与岩石性质有关，对某一种岩石，吸收系数为一个常数，对疏松胶结差的岩层，吸收系数较大，每波长可吸收 1dB 以上，对于风化层，有时可超过 10dB，这是因为波在其中传播，有利于颗粒之间的相对运动摩擦，致密的岩石，吸收系数小，一般认为沉积岩的吸收系数为每波长 0.5dB。介质的吸收还与频率有关，吸收系数是频率的函数，即 $\alpha = \alpha(f)$，据实验观测，吸收系数与频率的一次方成正比，频率越高，吸收越强，具有选频的作用。波的吸收还与传播距离有关，传播距离越远，衰减越多。

4.2.2 地震波时距曲线

地震波在传播过程中遇到波阻抗界面时将产生反射、透射、折射、绕射等现象，形成的直达波、反射波、折射波等将按照自己特定的规律在时间域和空间域中传播。这样通过巷道表面按照一定方式布置的传感器即可接收到这些波在空间和时间域中的传播特征，即所谓的特征时距曲线。

这些波的时距曲线特征反映了界面的埋藏深度、速度大小、空间产状等要素有直接的关系。因此，时距曲线的几何形态包含着地下地质构造的信息。由此可见，分析并掌握各种类型地震波时距曲线的特点，将是野外施工以及资料处理与解释的基础。

4.2.2.1 直达波时距曲线

直达波时距曲线方程为：

$$t = \frac{1}{v}\sqrt{H^2 + l^2} \tag{4-10}$$

在非零偏移距（$l \neq 0$）情况下，该方程表示的是从零点出发的一条直线。当距离（H）增加时，非零偏移距时距曲线逐渐趋近于零偏移距时距曲线方程，即上述方程可表示为如下的零偏移距时距曲线方程：

$$t = \frac{H}{v} \tag{4-11}$$

4.2.2.2 反射波时距曲线

单个倾斜界面的反射波时距曲线。从激发点 O 传播的波在界面 R 上经 A 点反射，到达巷道接收点 S，若反射界面 R 的倾角为 φ，H 为震源 O 点到界面 R 的法线深度，v 为界面 R 上覆岩体的声波速度，如图 4-7 所示为倾斜界面的反射波时距曲线。

根据镜像原理，求得激发点 O 的镜像源 O^*，O^* 的空间位置坐标为：

$$x_{\mathrm{m}} = -2H\sin\varphi$$

$$z_{\mathrm{m}} = -2H\cos\varphi$$

从而可以求得，单层倾斜界面反射波时距曲线：

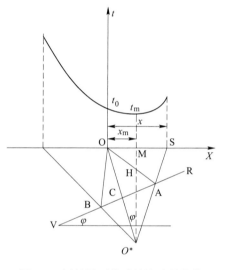

图 4-7 倾斜界面的反射波时距曲线

$$t = \frac{OA + AS}{v} = \frac{O^*S}{v} = \frac{\sqrt{(x - x_{\mathrm{m}})^2 + z_{\mathrm{m}}^2}}{v} = \frac{\sqrt{x^2 + 4H^2 + 4Hx\sin\varphi}}{v} \tag{4-12}$$

该公式也可以表达为：

$$\frac{t^2}{\left(\frac{2H\cos\varphi}{v}\right)^2} - \frac{(x + 2H\sin\varphi)^2}{2H\cos\varphi} = 1 \tag{4-13}$$

通过式（4-13）可以看出，反射波的时距曲线是双曲线，当 $x = 0$ 时，自激自收条件下反射波时（即零偏移距剖面）t_0 为：

$$t_0 = \frac{2H}{v} \tag{4-14}$$

时距曲线极小点的坐标为：

$$x_m = -2H\sin\varphi$$

$$t_m = \frac{2H\cos\varphi}{v}$$

同理，我们也可以推导出多层界面的时距曲线：

$$t^2 = t_0^2 + \frac{x^2}{v_\sigma^2} \tag{4-15}$$

$$v_\sigma = \left\{\frac{\sum\limits_{i=1}^{n} t_i v_i^2}{\sum\limits_{i=1}^{n} t_i}\right\}^{\frac{1}{2}} \tag{4-16}$$

式中，v_σ 为均方根速度；n 为界面的层数；v_i 每层界面的层速度。反射波的时距曲线为双曲线。

4.2.2.3 绕射波时距曲线

如图4-8所示，测线 OX 垂直断棱。在 O 点激发的地震波入射到绕射点 R，然后以 R 点为新震源产生绕射波，传播到地面测线上各点。地面上任意接收点为 M，绕射波的整个传播时间可分为两部分：一部分为入射波从 O 点传播至绕射点 R 所需的时间 t_1 以及绕射点 R 到接收点 M 的时间 t_2，则有：

$$t_1 = \frac{OR}{v} = \frac{\sqrt{V^2 + h^2}}{v} \tag{4-17}$$

$$t_2 = \frac{RM}{v} = \frac{\sqrt{(x-L)^2 + h^2}}{v} \tag{4-18}$$

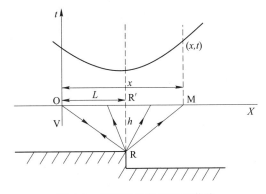

图4-8 界面的绕射波时距曲线

所以，绕射波的整个传播时间是：

$$T_R = t_1 + t_2 = \frac{\sqrt{V^2 + h^2} + \sqrt{(x-L)^2 + h^2}}{v} \tag{4-19}$$

分析上述公式可知，绕射波时距曲线具有以下特点：

绕射波时距曲线也是双曲线，并且在 R 点产生的绕射波时距曲线，与在 R′ 激发、深度为 h/2 的水平界面的反射波时距曲线是一样的，绕射点 R 相当于这个水平界面在 R′ 激发时的虚震源；绕射波时距曲线的极值点在绕射点 R 的正上方，当激发点移动时，绕射波时距曲线极值点在测线上位置不变，仍然位于绕射点在测线上的投影 R′ 点，但此时整条绕射波时距曲线将沿 t 轴平移，而形状不变。

4.2.3 地震波三维反射层析成像技术

地震层析成像是利用地震波对地球内部三维结构进行反演成像以便发现地下波速结构异常的一种地球物理方法。该方法是继 1974 年 Aki 等首次利用地震 P 波走时反演得到 SanAndres 地区三维波速结构之后，于 1980 年初提出的。

确定了慢度（速度）扰动与走时变化的关系，就可以通过对速度模型不断地修正，以使理论走时不断接近于观测走时，最终找出一个合理范围内的最佳速度模型。即地震层析成像的反演计算。

在 TRT 探测方法的具体实现过程中，地震层析成像问题涉及以下几个方面：

（1）模型参数化：将研究区的速度结构用一系列理论模型参数表示出来；

（2）正演：为在给定模型参数的条件下，计算理论走时值的过程，主要包含射线路径的确定与走时计算；

（3）反演：利用线性、非线性反演求解方法求解目标函数，以获得能与观测数据匹配更好的模型值；

（4）解的质量评价：主要依据方差和分辨率的估计与用人工数据重建以检验所得解的质量。

4.2.3.1 模型参数化

模型的参数化就是用一系列参数对待求的模型进行描述，例如用分层模型、分块模型等描述研究区的速度结构以达到成像研究目的。

A 模型参数化方法

模型的参数化应当尽可能接近真实模型，另一方面还要考虑计算的可行性而不能引进太多的未知数。现在通用的大都是离散化的模型参数化，像分块、节点模型以及球谐函数（全球基函数）展开法。这些参数化的表述方法在形式上有很大差别，但在本质上都是一致的，即用有限个参数来描述真实的地球结构。分块模型通常假定每一个块体内的速度为常数，块体内的射线沿直线传播，这样会引入人为的速度不连续化；节点模型则视节点处的速度为未知参量，模型内任一点的速度由邻近 8 个节点上的速度插值求得，这样速度处处连续，克服了不连续间断面的问题，但是节点法只能处理速度连续变化的情况，当地下结构存在速度间断面时则难以处理。Thurber 曾采用直角坐标系，将节点模型应用在区域成像研究中。此外可以根据通过的射线密度，对模型进行非规则单元化。对射线较密集的区域，尽量细化网格单元；射线稀疏的地区则粗化网格单元。像 Bijwaard 在 P 波和 S 波成像过程中，引入了细至 $0.6°×0.6°×35km$ 和粗至 $9°×9°×1000km$ 的不规则网格单元。

对于一些涉及函数的问题，离散化的优点是数学上容易处理，缺点是在一般方法中出现的某些简化，在用离散公式时可能被掩盖掉。Tarantola 和 Nercessian 等还提出了"不分块"的参数化反演过程。不对模型事先离散化，反演完全在泛函空间中进行，只是在最后实施计算时才离散化。由于反演是在泛函空间中进行的，理论上可以计算空间任何一点的速度。

离散化的分块模型或节点模型最主要的优点是，可以把复杂的地球物理反演问题化成代数问题，运算相对简单，从而可以对具有大量参数的模型进行反演，获取地下的细致结构，近期的全球分块模型已离散化到 $1°～2°$ 大小；球谐函数法的一个优点在于可以与其他球谐模型作直接的比较，但一般只能揭示较大尺度的结构异常。

地震层析成像本质上是个非线性问题，线性化后的成像反演结果将强烈依赖于初始模型的选取。

B　三维模型的建立

采用水平分层块状模型，每个水平层被分为大小可不相等的块，每块内速度相同，层内和不同层之间进行插值，此模型用于三维射线追踪及反演计算，运算相对简单，且计算效率极高。

4.2.3.2　正演

正演计算即指根据初始速度场计算理论走时的过程。根据前节论述，地震波传播的路径依赖于地下介质速度场。给定初始速度场后，就需要确定地震传播路径。地震传播可以用波前或者地震射线表示。波前指波在传播时，处于同一相位的点所连成的线或者面，地震射线则定义为地震波波前的法线的轨迹。尽管最近用波前有限差分追踪的方法也有发展，传统上实用的确定射线路径的方法仍是射线追踪。

A　射线追踪方法

射线追踪是研究任意介质分布中地震波传播问题的有效方法。地震层析成像中所用到的数据量很大，要求射线路径的追踪和地震波走时的计算要快速、准确。在区域成像研究中，由于射线路径与速度结构有很大的关系，又加深了三维结构中确定射线路径的复杂性。早期的像 Cerveny 等使用样条函数，用龙格-库塔（Runge-Kutta）方法计算射线轨迹等，多用在二维资料的解释上。近年来，发展了多种射线追踪算法，可以归类为：打靶法（shooting method）、弯曲法（bending method）和改进后的伪弯曲法（pseudo-bending method）、有限差分法（finite difference method）、扰动法（perturbation method）以及逐次迭代射线追踪法等。最近，Bijwaard 还开始了初至和后续震相的快速非线性射线追踪方法的探讨。

打靶法是一种初始值问题，给出射线的初始位置和出射方向，沿射线路径对射线方程进行积分，并通过扰动射线的初始出射方向，用某种算法使得射线的终点收敛于接收台站位置；弯曲法是一种边界值问题，射线的起始点和终点是固定的，通过对射线路径的扰动寻找最小走时的射线路径。这二者都属于比较精确的射线路径追踪方法。但都会出现小的、局部扰动可能会导致射线路径较大变化的情况，使射线追踪很不稳定。伪弯曲法是一种近似地震射线追踪法，它与精确射线追踪方法确定的射线路径和走时结果已经非常接近了。它是通过迭代扰动的方法对确定的初始路径不断修正、改进，寻找最小走时的射线路径。逐次迭代射线追踪法是从任意给定的初始射线路径出发，利用一个适用于计算任意界面的近似反射点或折射点的一阶近似公式，进行逐段迭代求取界面上的反射点或折射点，然后以求出的射线路径为基础，按照与上述相同的办法逐段求取下一界面上的反射点或折射点，直到另一端点。当整条射线路径上的界面反射点或折射点的修正值在某个控制误差范围内，则认为射线追踪过程结束。利用这种办法追踪到的射线路径，在整条射线上满足同一个射线参数，并且在射线追踪过程中，可以给出地震射线的走时。

这些射线追踪算法各有优缺点，像打靶法不能追踪影区的射线，且只能找到最小的绝对走时，耗时较大；弯曲法较快一些，但可能会找到局部最小走时；有限差分法计算走时比较精确，但需要较大的运算量；而扰动法则只能对较小程度的扰动情况适用等。

B　三维速度模型走时计算

由接收点与源点所构成的某种关系计算出与部分模块边界的交点，设它们分别为 $P_1(x_1, y_1, z_1)$，$P_2(x_2, y_2, z_2)$，$P_3(x_3, y_3, z_3)$，…，$P_n(x_n, y_n, z_n)$，其中 P_1、P_n 两点分别对应接收点和源点，中间点作为第一次迭代的初始点，在射线路径上任意连续三点均满足 Snell 定律，并舍弃 Δx、Δy 和 Δz 的二阶以及二阶以上的项，就得到求取校正量的计算式。

在给定模型参数情况下，每条走时记录经射线追踪计算后，都能找到波的传播最佳路径，每条路径都是由多条线段（射线穿过单元模块的路程）组成，这些线段乘以相应单元模块的慢度之后的数值之和就是地震波的走时，即理论走时。

理论走时计算的公式为：

$$T_{theo} = \sum_{j=1}^{m} L_{ij}u_j, \ i = 1, \ 2, \ 3, \ \cdots, \ n \qquad (4\text{-}20)$$

写成矩阵形式为：

$$T_{theo} = Lu$$

式中：

$$T_{theo} = \begin{bmatrix} t_1, \ t_2, \ \cdots, \ t_n \end{bmatrix}^{\mathrm{T}}, \ u = \begin{bmatrix} u_1, \ u_2, \ \cdots, \ u_n \end{bmatrix}^{\mathrm{T}}, \ L = \begin{bmatrix} l_{11} & l_{12} & \cdots & l_{1n} \\ l_{21} & l_{22} & \cdots & l_{2n} \\ \vdots & \vdots & & \vdots \\ l_{n1} & l_{n1} & \cdots & l_{nn} \end{bmatrix}$$

$$(4\text{-}21)$$

式中，n 为走时记录个数；m 为网格数；u_j 为第 j 个网格的慢度（速度的倒数）；L_{ij} 是第 i 条射线在第 j 个网格中的射线长度。

4.2.3.3 反演

A 反演方法

地震层析成像技术中常用的反演方法很多，目前主要有两类迭代方法：线性迭代法和非线性迭代法。线性迭代法常用的包含最速下降法、共轭梯度法、变尺度法、最小二乘法、阻尼最小二乘法等；非线性迭代法最基本的方法是牛顿迭代法，此外还包含蒙特卡洛（monte carlo）法，以及近年来发展起来的分形和混沌理论、仿真淬火法（simulated annealing）、遗传算法（genetic algorithm）、人工神经网络算法（artificial neural network）等。

反演问题是地球物理学研究中的一个重要而困难的问题，最主要的困难是反演结果存在着多解性（不唯一性）。这种不唯一性不是由于反演方法或技巧上的缺陷引起的，而是地球物理问题本身存在的固有困难。困难之一是观测资料不完备，无法直接获得反映地球内部物质的充足的信息；困难之二是任何地球物理观测都存在干扰和误差，进而导致反演计算不稳定。因此，在求解地球物理反演问题时，要根据已有资料尽可能多的引入先验信息、附加约束条件，以减少解的不唯一性。

如果附加的信息来自于其他地球物理方法或地质观测的数据，则此时所进行的为联合反演；如果附加的信息来自于我们对地球物理模型的某些先验知识，则要进行的为约束反演。当然，约束条件来自于人们的认识，未免带有主观性，而联合反演虽然要求取得更多的数据，但避免了主观认识出错的可能性。除了常用的钻孔、测井数据以及人工地震资料外，在地球物理反演中常用的约束条件有以下几种：

（1）根据物理知识给出的宽约束，如密度和速度为正值，地球模型为有限能量等。

（2）以不等式给出的地球参数的紧约束，如某沉积盆地内岩石速度变化的范围或变化率等。

（3）对模型参数统计特性的约束（如相关函数，概率分布类型）；对模型参数的加权平均值或线性组合所加的约束。

（4）吉洪诺夫正则方法，即对解估计本身及其偏导数加上一定的约束。

B　阻尼最小二乘法

地球物理反演计算中，对于大多数的非线性反演问题直接求其解很难，一般都可以采用数学的方法将其线性化求解。最终此类问题都可归结为求解大型线性方程组 $Am = b$，其中 A 为雅可比系数矩阵，m 为模型向量（待求量），b 为观测向量。由于上述方程组往往具有不兼容性（方程之间相互矛盾）、病态性（数据小的变化引起解的巨大变化）、形式上为超定实际上欠定、矩阵巨大而稀疏等特点，因此必须选择有效的求解方法。

我们知道，用最小二乘法进行迭代时，校正向量的步长较大，若初始值选择合适，能很快收敛，但其收敛性很不稳定，若初始值选择不合适，易于发散。最速下降法则相反，它沿最速下降方向搜索，可以保证收敛，但步长太小，收敛很慢。针对以上问题，1963 年马奎特（Marquardt）对最小二乘法做了有成效的改进，即在迭代计算过程中加以阻尼，要以最大的步长，同时又靠近最速下降方向，保证了稳定收敛，也加快了收敛速度。该方法通常被称为阻尼最小二乘法。

阻尼最小二乘法的基本思想：

对于由走时残差的均方差所构成的目标函数：

$$\Psi(\delta t) = \Big[\sum_{i=1}^{n} (\delta t_i)^2 / n \Big]^{1/2}, \ \delta t = \delta t_1, \ \delta t_2, \ \cdots, \ \delta t_n \tag{4-22}$$

对于该目标函数的极小问题，最小二乘法将其转变成求线性方程组：

$$A\delta u = \delta t, \ \delta t = T_{\text{obs}} - T_{\text{theo}}$$

式中，系数矩阵 A 为关于震源参数以及模型参数对走时的微分；δu 为模型扰动向量；δt 为走时残差向量；T_{obs} 为观测走时向量；T_{theo} 为理论走时向量。求解上式，变形为：

$$(A^{\text{T}}A + \lambda^2 I)\delta u = A^{\text{T}}\delta_t \tag{4-23}$$

式中，I 为单位矩阵；λ^2 为选择用于控制方向和步长的正数，称为阻尼因子。

于是扰动向量等于：

$$\delta u = (A^{\text{T}}A + \lambda^2 I)^{-1} A^{\text{T}}\delta_t \tag{4-24}$$

需要说明的是：

（1）当阻尼 $\lambda = 0$ 时，阻尼最小二乘法退化成最小二乘法。

（2）为加速收敛和保证解的合理性，在迭代过程中可对模型加入先验约束，使用人工地震测深资料进行完全约束时，被约束的模型参数不变，计算中可令 δu 为零，利用已有的地震 CT 资料进行非完全约束时。将模型的参数进行较小范围的变化，令 δu 取值在一定范围内变化。

（3）为了保证迭代在出现不稳定时立即终止，可设伪条件数和相应的迭代终止条件。

C　遗传算法

遗传算法（GA）是一种非线性全局优化方法，它不是通过某种形式的扰动对单一模型进行改善，而是首先用随机过程产生一组模型，然后同时对这组模型进行改善。遗传算法与生物进化有着类似的特性，这种特性致使这组模型的拟合差函数信息快速进行交换，且其中每个模型可以吸收这组模型的优点，这使得模型的选取很快集中在最优解附近。遗传算法还可以通过变异过程局部开发最优信息并迅速地参与交换，随着迭代的进行快速趋于全局最优解。遗传算法在参数空间的搜索点的顺序是随机的，即它从参数空间的一个点到另一个点是不确定的，然而其收缩和集中于最优解是确定的，这种简单的随机过程能导致高效的搜索机制。该方法可适用于震源定位、走时反演和波形反演等。

假定 m 个未知参数的模型向量空间为 $\{u_i\}$，$i = 1, 2, \cdots, m$。根据先验知识，对每一未知量都加一上下界为 a_i 及 b_i 的限制，即为了将问题的解表示为整数，我们将连续的参数空间离散化，根据各参数的精度不同，将每个参数划分为 2^{n_i} 等份，即 $d_i = (b_i - a_i)/2^{n_i}$ 于是所有的解空间可用下式表示：

$$u_i = a_i + I_i d_i, \quad I_i = 0, 1, 2, \cdots, m \tag{4-25}$$

因此，解空间 $\{I_i\}$ 等价于 $\{u_i\}$。这样，就把参数空间映射为整数解空间。为了便于计算机处理，把这一组整数编成一个二进制码，即将每一整数变为二进制数然后再连起来。这就形成了一个模型参数的标准基因编码。

首先在搜索范围内随机产生 Q 组模型解，将每一组解按上述编码规则编成二进制码（染色体）就构成了输入种群，对每一组解计算其目标函数（拟合差），计算公式如下：

$$\Psi_j = \Big[\sum_{i=1}^{n} (\delta t_i)^2 / n \Big]^{1/2}, \quad j = j_1, j_2, \cdots, Q \tag{4-26}$$

式中，δt_i 为第 i 条记录的理论与观测走时之差；n 为地震射线记录数；Q 为模型数。遗传算法的繁殖过程是以生存系数为依据的，拟合差越小的个体越接近于最优模型，其生存概率越大，生存系数由下式求得：

$$f_j = \dot{\Psi}_{\max} - \Psi_j, \quad j = j_1, j_2, \cdots, Q \tag{4-27}$$

由上式可以看出，拟合差最大的个体生存概率为 0，即抛弃了拟合差最大的个体。根据生存系数的大小，采用轮盘赌的概率选择方法，选择 Q 个个体组成新的种群，这就完成了繁殖过程。

交配过程是将 Q 个染色体随机配成 $Q/2$ 对"父母"，以交配概率 P_c 来确定这对"父母"能否交配。进行交配的"父母"（染色体对）交换对应的基因，产生一对新个体，对 $Q/2$ 对染色体操作完毕后就完成了交配过程。

变异是生物进化中产生新种属的重要步骤，即根据生物遗传中基因变异的原理，以变异概率 P_m 对"父母"的遗传基因（二进制码的某些位）执行变异，变异后产生的新个体组成的种群又作为下一次繁殖的"父母本"，这样重复上述 3 个过程，实现模型的全局优化。

运用遗传算法求解反演问题的关键是拟合差的表述形式。有了拟合差的计算公式，我们就可以选择一种染色体的编码方式和生存概率的计算方式进行繁殖、交配和变异，反复迭代，直到得到满意的拟合差为止。

假定震源为点源，已知 k 次地震共 n 条地震记录的到时，要确定震源参数和传播路径上的速度结构。由于有 k 次地震，待测定的震源位置参数 (x, y, z) 的个数为 $3k$ 个。设所研究的区域可划分为 m 个矩形块体，其各边平行于直角坐标系中的 x、y、z 轴。用 v 表示块体的速度，若 l 是块体的序号，则第 l 块的速度为 $V_l(l=1, 2, \cdots, m)$。假设速度模型的每个块体至少有一条射线路径穿过，那么反演问题的待定参数总数为 $(3k+m)$。于是解的参数矢量可表示为：

$$\delta t_i = F(T_{\delta bsi}, x_1, y_1, z_1, x_2, y_2, z_2, \cdots, x_k, y_k, z_k, v_1, v_2, \cdots, v_m)$$

(4-28)

现在的目标是同时调节尝试震源和速度的参数，使目标函数（走时残差的均方差），即 $\Psi_j = \left[\sum_{i=1}^{n} (\delta t_i)^2 / n \right]^{1/2}$，$j = j_1, j_2, \cdots, Q$ 减到最小。

4.2.3.4　解质量的评价

对于地震层析成像，得到反演的解还不完整，还要对解的质量及其稳定性进行评估。对解质量进行评价通常使用的方法有两种。第一种方法，直接计算模型的分辨率与协方差矩阵。第二种方法，给出解的空间分辨率。

A　分辨矩阵和协方差矩阵

用广义逆进行地球物理反演计算时，可根据反演过程所用参数及矩阵计算两个重要补充信息，即分辨矩阵和协方差矩阵。

分辨矩阵可以衡量反演计算解 u 和"真解"u 之间的接近程度，若分辨矩阵是单位矩阵，则表明反演计算解和真解是一致的，即反演结果是唯一的，此时称之为完全分辨；如果分辨矩阵近似于一个对角阵，则它是近似分辨的；如果分辨矩阵与单位矩阵偏差越大，则表示分辨率越差，即计算解与"真解"相差越大。

方差是衡量反演计算参数精度的标志，方差越大，反演结果的误差就越大。反演计算参数的协方差矩阵取决于观测值的协方差矩阵，协方差矩阵的主对角元素就是各相应反演参数的方差。

1976 年 Crosson 把它们的计算推广到阻尼最小二乘法中去。分辨矩阵和协方差矩阵的计算公式分别为：

$$R = (A^T A + \lambda^2 I)^{-1} A^T A \qquad (4\text{-}29)$$

$$C(u) = \sigma_t^2 (A^T A + I)^{-1} A^T A (A^T A + I)^{-1} \qquad (4\text{-}30)$$

σ 为观测值方差，计算出协方差矩阵 $C(u)$ 后，对角线元素就是各相应反演参数的方差。

在使用遗传算法进行联合反演时，由于其是一种非线性算法，无法得到协方差矩阵，只有用线性化的办法获得协方差矩阵。根据 Fermat 原理，Jacobe 矩阵 (A) 在每一块中的走时 T_{theoij}，未知速度 V_j 的微分可以用式（4-31）确定：

$$\frac{\partial T_{theoij}}{\partial V_j} = -\frac{L_j}{V_j^2} \qquad (4\text{-}31)$$

式中，L_j 是射线在第 j 块中的路径长度，注意，这一表达式对反射波和折射波都有效。只要计算出射线所穿过的每一块的路径长度，矩阵 A 中有关速度微分项即可得到。再根据射线的离源角和方位角来计算矩阵 A 中的对震源参数 $H(x_i, y_i, z_i, t_i)$ 的微分。大家熟知的表达式为：

$$\frac{\partial t_{theoi}}{\partial x_i} = -P\sin\varphi, \quad \frac{\partial T_{theoi}}{\partial y_i} = -P\cos\varphi, \quad \frac{\partial T_{theoi}}{\partial z_i} = \frac{\cos\varphi}{v_s} \qquad (4\text{-}32)$$

式中，$P = \sin\theta/v$ 为射线参数；v_s 为震源处的波速；φ 为出射线与正北方向的夹角（即方位角）。对于折射波，在计算矩阵 A 时，除了 $\partial T_{theoi}/\partial z_i$ 项有一负号之外，其余各微分项与直达波的计算完全相同，而射线参数为 $P = 1/V_r$，V_r 为界面的滑行速度。而对反射波和折射波关于 Moho 界面参数（埋深 H 和 V_r）的微分表达式为：

$$\frac{\partial T_{theoi}}{\partial H} = 2\frac{\cos\varphi}{v_m}, \quad \frac{\partial T_{theoi}}{\partial v_{ij}} = -\frac{L_{ij}}{v_{ij}^2} \qquad (4\text{-}33)$$

协方差矩阵 $C(u)$ 的计算式如下：

$$C(u) = \sigma_t^2 (A^T A)^{-1} \qquad (4\text{-}34)$$

式中，$A = \nabla T_{theoi}$；∇T_{theoi} 为关于震源参数和地震波慢度 $u = (H, V)$ 的偏导数；σ_t 为观测值方差。

希望由反演计算得到的参数的误差越小越好。但参数误差小会引起另一个问题，即反演结果是不稳定的（唯一性差），所以必须考虑在反演的分辨率与模型参数可靠性问题的折中问题。实际上，对于给定的观测误差，分辨率与反演参量的误差是矛盾的。分辨率高，则反演参量误差较大；分辨率低，则反演误差较小。要使反演参量在精度和唯一性方面都得到兼顾，必须在二者之间采取一种折中方案。

B　空间分辨率

为了更好地评估所得地震层析图像的质量，有必要首先分析地震图像的空间分辨率，并进行灵敏度试验。衡量每个单元取样好坏的一个直接指标是射线计数，它对速度图像有很大的影响。此外，还可以进行另外两类灵敏度试验，棋盘网格分辨率试验和尖峰试验。

在棋盘网格分辨率试验中，首先假定模型中的三维网格有明确的速度扰动图案，例如块体的速度为正、负相间的速度异常，然后用三维射线跟踪方法计算出一组相应的到时，对这组人工合成的到时资料进行地震层析反演，就可以发现何处分辨率好，何处分辨率差。网格间的分辨率差就会导致原始速度扰动不能很好地重建。

尖峰试验的目的是着重研究对已知资料的某种形状的异常图像是否是可分辨的。这种试验可提供有关短波异常图案的图像能力，以及最终图像是否有模糊信息，从而有助于区分是垂向还是横向分辨率差。在试验中，在地震层析成像研究中发现高速异常处设置一个 Δv 的正异常，其他块体均无速度扰动，在生成一组合成到时资料后，再进行层析反演，看原始速度能否很好地重建。

C　解的稳定性

模型和数据的误差都会引起解的稳定性问题。如果仅考虑数据误差对最小二乘解的影响，假设观测误差矢量 ε 的分量都具有均值为 0，方差为 σ，并且是相互独立的。根据最小二乘可得：

$$\delta u = (A^T A)^{-1} A^T \varepsilon \tag{4-35}$$

于是

$$E(\delta u \delta u^T) = E[(A^T A)^{-1} A^T \varepsilon \varepsilon^T A (A^T A)^{-1}] = \sigma^2 (A^T A)^{-1} \tag{4-36}$$

$$E(\|\delta u\|^2) = \sigma^2 tr(A^T A)^{-1} = \sigma^2 \sum_j \frac{1}{\sigma_j^2} \tag{4-37}$$

式中，E 表示数学期望。显然如果矩阵 A 的奇异值接近于 0，则方程的解的变化将非常大，即解不稳定，这样的方程是病态的，即使 A 的奇异值不接近 0（例如 10^2 量级），如果方程的未知数很多（例如 10^4 量级），式（4-37）右端求和后的值也将很大。在实际应用中，绝大多数方程都是病态的。阻尼最小二乘法对于改善这种病态方程非常有利，它将法方程系数矩阵的对角线元素加上阻尼 λ^2，使得那些小于 λ^2 本征值被光滑掉，使得解变得比较稳定。但这样做的一个代价就是损失了解的分辨。

4.2.3.5　数据处理

反射体的空间位置采用给定的限定一个三维空间椭球体的两通道传播时间来

定位。由于数量足够的地震发射源和接收传感器构成三维排列，因此每一边界地震反射波可确定成一个曲面，在该曲面上，对发射源和接收传感器，多数椭球体交切。因此，理论上可对岩土体检定中的每一格点的反射或散射作用进行重现。就一个单独的反射或散射异常体影像，包含所有地震发射源和接收传感器的岩石场地的选择块体内的每一三维网格点均需计算。对网格中每一格点处的影像，采用叠加所有地震波来计算离散体，每一波形相应变换为由经该格点的发射源到接收传感器的总距离。对勘察块体的离散体，变换采用确定的速度模块来计算。采用这种方法，最终影像类似于全息重构。当反射由弱岩到硬岩时，计算值为正，否则为负。调整格点间距可提高影像的分辨率，记录地震波的最短波长决定分辨率的高低，控制影像范围的块体的维数与成像的期望分辨率成反比关系，这取决于控制 TRT 在预定块体内生成影像所需时间。

一般来说，初始速度模块是通过速度层析外推求出直达波和其他有效资料（速度测量值、地质资料，已知空洞）来建立。隧道开挖前移时，速度模块应根据地质超前预报和岩土地质成图实际情况及观测到的岩石条件间的比较结果连续进行适时修正和改进。

获得的地震波数据，导入专业数据处理软件，进行数据处理，处理流程如图4-9 所示。

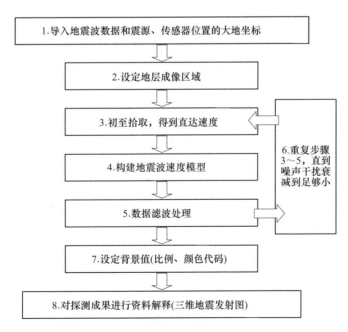

图 4-9　数据处理流程图

4.3　TRT 地质超前预报系统简介

4.3.1　仪器设备

超前预报系统 TRT6000 层析扫描超前预报系统，TRT（Tunnel Reflection Tomography）6000 型超前预报系统采用扫描成像技术获得隧道前方的全息图，代表国际上隧道超前预报领域最领先的水平。设备外观如图 4-10 所示。

图 4-10　TRT6000 型隧道地质超前预报系统

TRT6000 型隧道地质超前预报系统采用地震扫描成像技术（图 4-11）。经复杂介质传播的记录地震信号是由折射、反射、散射、弥散等多类波形所组成，扫描成像是常用的利用信号波形变化来估计介质性质变化的位置和范围的反演技

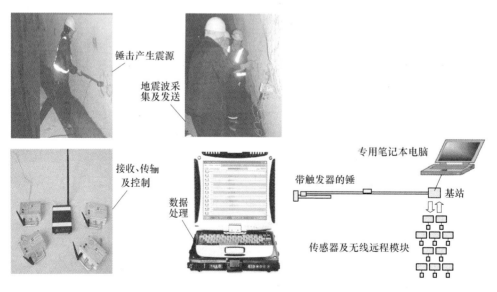

图 4-11　TRT6000 型隧道地质超前预报系统使用示意图

术。岩石三维图像（Rock Vision3DTM）技术的基本原理是基于地震能量在不同种类介质中以不同的衰减率和速度传播。通常，与破碎或裂隙发育的岩土体、空洞或含水条件相比，地震波在完整坚硬的介质中传播时，具有更高的传播速度和更低的衰减。TRTTM 技术的基本原理是利用了地震波在岩土体中传播过程中遇到具有不同震动特性的岩土区带间的界面时，部分地震波能量将产生反射的特性。绝大多数地质结构异常及岩性变化，在地震信号可及的距离范围内，均可形成可探测的地震反射。

4.3.2　工作原理

TRT 系统的原理在于当弹性波遇到声学阻抗差异（即岩石波阻抗，为岩石密度和纵波波速的乘积）界面时，一部分信号被反射回来，一部分信号透射进入前方介质。声学阻抗的变化通常发生在地质岩层界面或岩体内不连续界面。反射的地震信号被高灵敏地震信号传感器接收，通过分析，被用来了解隧道工作面前方地质体的性质（软弱带、破碎带、断层、含水等）、位置及规模。正常入射到边界的反射系数计算公式如下：

$$R = \frac{\rho_2 v_2 - \rho_1 v_1}{\rho_2 v_2 + \rho_1 v_1} \tag{4-38}$$

式中，R 为反射系数；ρ_1、ρ_2 为岩层的密度；v_1、v_2 为地震波在岩层中的传播速度。地震波从一种低阻抗物质传播到一个高阻抗物质时，反射系数是正的；反之，反射系数是负的。因此，当地震波从软性地质体传播到硬质地质体时，回波的偏转极性和波源是一致的。当岩体内部有破裂带时，回波的极性会反转。反射体的尺寸越大，声学阻抗差别越大，反射波就越明显，越容易被探测到。这是一种全新的勘察技术，将电子信号学中的电阻抗概念引入地震勘探中，采用反射物质阻抗探测地质体异常。

TRT6000 层析扫描超前预报系统用地震波反射来获得地层地质状况三维图的概念。以每个震源和地震信号传感器组的位置为焦点，与所有可能产生回波的反射体可以确定一个椭球。足够多数量的震源和地震信号传感器组对会形成一个三维数组，每个界面/反射的地层位置可以由这些众多椭球的交汇区域所确定。实际上，反射边界每一点离散图像的计算包括由所有震源和地震信号传感器组所对应的三维岩体空间中选定的区块。离散图像中各点值是由空间叠加所有地震波形计算得来，每个波按比例地从震源经过三维岩体空间的区块到达地震信号传感器。在室内进行数据处理与解释，得到物探成果。TRT 系统的传感器采集数据原理如图 4-12 所示。

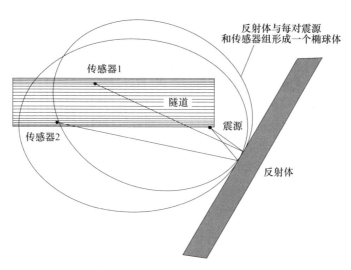

图 4-12　用地震波反射来获得地层地质状况三维图的原理

4.3.3　工作布置

4.3.3.1　选择震源点及传感器位置

震源点与传感器点原则上按照以下布置方法分布传感器与震源点，最高与最低位置传感器的差值必须大于 2.5m，这样才能有效地接收三维地震波数据。

震源与传感器点代号分布如图 4-13 所示。

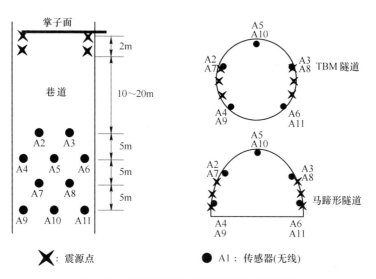

图 4-13　TRT 传感器布设俯瞰图、横截面

4.3.3.2 无线传输模块安装与坐标测量

操作人员安装传感器及无线传输模块；测量人员测量震源点与传感器点绝对坐标（大地坐标）或者相对坐标。

A 安装传感器原则：

（1）传感器必须布置在完全凝固的初期支护上，支护与围岩间不得存在空隙。

（2）传感器之间的高差最小值为 2.5m，建议按照图 4-13 操作方法布置，具体方法：首先在选定的传感器点钻 5cm 的小孔，然后在传感器上涂抹搅拌好的耦合剂，将传感器上的连接棒插入小孔中，使得传感器与隧道侧壁紧密结合。安装好所有的传感器，等待耦合剂完全凝固，得到最佳耦合效果。

B 选择震源原则：

（1）震源点靠近工作面，布置在左右边墙上。

（2）震源点必须选择初期支护完全凝固成型的位置，或者直接布置在稳定围岩上；震源点不得少于 12 个。

C 测量坐标原则：

所有布置的传感器点及震源点的坐标均要测量，建议采用全站仪测量大地坐标，可以选择激光测距仪测量相对坐标，所有坐标测量误差少于 5cm。

4.3.3.3 建立基站，连接电脑，初始化采集程序，进行数据采集

对设备正确连接后，打开计算机，运行采集程序，开始工作。原则要求每个传感器及无线传输模块都运行正常才开展预报工作

4.3.3.4 震源激发

TRT 使用重锤锤击指定的震源点激发地震波，同一组锤击的位置不可改变。锤击触发时必须用力锤击震源点，一次激发成功，才能获得最佳弹性波传播能量。

4.3.4 系统特点

TRT 勘测成本低，操作简单，结果准确、全面、直观，代表隧道超前预报领域最新领先的技术，是隧道超前预报系统发展的方向，表现在如下几个方面：

（1）TRT 超前预报使用锤击作为震源，可重复利用，不需要耗材，而使用炸药爆炸作为震源，每次需要相当费用。

（2）使用锤击作为震源，可在同一点作多次锤击，通过信号叠加，使异常体反射信号更加明显。

（3）用锤击作为震源克服了爆炸产生的高能量对周围岩体产生挤压、破坏现象，从而保证能接收到真实的地震波信号。

（4）由人控制锤击产生地震波，可简单重复，操作简单，而爆炸产生地震波时高频信号迅速衰减，对操作人员的要求比较高。

（5）TRT采用高精度的传感器，灵敏度高，最大程度地保留了高频信号，提高了精度及探测距离（硬质岩中为300m，软质岩中为150m）。

（6）传感器和地震波采集、处理器之间采用无线连接，大大简化了装备（只有两个箱子，尺寸见设备配置），两个箱子的重量仅为29kg，携带方便。

（7）TRT的传感器布点采用立体布点方式，在隧道两边分别布置4个传感器，然后在隧道顶上布置两个传感器，从而获得真实的三维立体图，直观地再现了异常体的位置、形态、大小。而其他仪器一般在左右边墙各布置一个地震波信息接收器接收地震波，这样的布置方式只能获得异常体的位置信息，而不能获得形状、大小等信息，同时对于大角度斜交隧道的裂隙可能没有反映。

（8）TRT还采用了层析扫描的图像处理方式，绘制三维视图，并可以从多个角度观察缺陷，使得图像更加清晰，易于理解，从而更加轻松地进行缺陷诊断。

（9）TRT能描绘到隧道水平和垂直方向的所有异物。而其他仪器用于描绘几乎垂直于隧道的充满空气或水的裂隙，而且只能描绘靠近的垂直裂隙，不能描绘稍远距离的第二或第三裂隙（尤其是充气裂隙）。对于斜交隧道（尤其是大角度斜交隧道）的裂隙可能没有反映。对于所描绘的倾斜裂隙，会低估它们的距离。

4.4　TRT地质超前预报地震波反射特性

4.4.1　不良地质体地震波反射特性

地震波从一种低阻抗物质传播到一个高阻抗物质时，反射系数是正的；反之，反射系数是负的。因此，当地震波从软岩传播到硬的围岩时，回波的偏转极性和波源是一致的。当岩体内部有破裂带时，回波的极性会反转。反射体的尺寸越大，声学阻抗差别越大，回波就越明显，越容易探测到。负反射呈蓝色显示，正反射呈黄色显示。

一般来说，软件设定围岩相对背景值破碎含水区域呈蓝色显示，相对背景值硬质岩石呈黄色显示；从整体上对成像图进行解释，不能单独参照一个断面的图像。根据异常区域图像相对于围岩背景，从背景波速分析异常的波速差异，进而判断围岩类别；对围岩类别的判断必须与地质情况相结合，综合分析。

4.4.1.1　断层破碎带地震波反射特性

断层破碎带，特别是活动断层、逆掩断层、张性断层、扭性断层及未胶结构造与次生构造，它们的共同特点是结构松散、裂隙发育、强度和速度明显降低、易于富水。因此，断层及破碎带与两侧岩体存在十分明显的速度差异，是较强的波阻抗界面。

纵波遇断层破碎带反射较强，若岩层富水横波反射也较强。深度偏移多以强烈的负反射开始，以强烈的正反射结束，反射带内正负反射层多而杂乱，以负反射为主，单个反射条带窄、延伸性差。

断层破碎带内岩体纵横波速总体下降，但高低变化频繁。前方有较大范围断层会造成信号衰减严重，例如点2013-04-18XSMN80，围岩均极为破碎段，50m以后的探测区域没有信号，实际结论仍有更多破碎，说明TRT在极破碎含水岩体中地震波传播距离不大于50m，对于超过50m以外的解释信息一般不应予以采纳。

4.4.1.2 富水岩层地震波反射特性

横波遇富水岩层反射很强，视岩层结构的不同，纵波反射不同，且横波反射明显较纵波反射强。

横波深度偏移以强烈的负反射开始，以强烈的正反射结束。若岩体内节理裂隙发育，则反射带内正负反射层多，以负反射为主；若岩体内节理裂隙不发育，则反射带内正负发射层少，以负反射为主。

纵波深度偏移以强烈的负反射开始，以强烈的正反射结束。若岩体内节理裂隙发育，则反射带内正负反射层较多，以负反射为主；若岩体内节理裂隙不发育，则反射带内正负发射层较少，以正反射为主。

岩体内横波速度下降，纵波速度与岩层结构有关，由裂隙岩体进入裂隙含水岩体，纵波速度上升，由完整岩体进入裂隙含水岩体，纵波速度下降。

4.4.2 采空区地震波反射特征

4.4.2.1 无充填型空区地震波反射特性

纵波遇边界平滑、横向延展性好、边界法向与隧道轴线小角度相交的可以准确探测类溶洞反射较强。深度偏移以强烈的负反射开始，以强烈的正反射结束，反射带内正负反射层少、正负相间、以负反射为主，反射带内单个反射条带窄、延伸性差。

无充填型空区内岩体纵横波速下降，且内部波速变化较小。

4.4.2.2 地下水充填型空区地震波反射特性

纵横波遇地下水充填型空区反射都较强，但横波反射明显较纵波反射强。纵横波深度偏移以强烈的负反射开始，以正反射结束，但横波开始的负反射条带较结束的正反射条带宽、能量值大。反射带内正负反射层较少、以负反射为主，单个反射条带宽、延伸性好。

地下水充填型空区内纵横波速都大幅下降，且内部波速变化较小。

4.4.2.3　泥夹石充填型空区地震波反射特性

纵横波在泥夹石充填型空区内的传播和反射特性与断层破碎带内基本一致，但泥夹石充填型溶洞深度偏移图反射带内正负反射层数量视充填物内块石粒径和含量的不同而不同，块石粒径和含量大则正负反射层较多而杂乱，以负反射为主，单个反射条带窄、延伸性差；块石粒径和含量小则正负反射层少，以负反射为主，单个反射条带宽、延伸性好。

泥夹石充填型空区内纵横波速总体下降，高低变化频率随充填物内块石粒径变大而降低，随充填物内块石含量变大而升高。

4.4.2.4　软弱夹泥充填型空区地震波反射特性

纵波遇软弱夹泥充填型空区反射很强，若岩层富水横波反射也较强。深度偏移以强烈的负反射开始，以强烈的正反射结束，反射带内正负反射层少、正负相间、以负反射为主，单个反射条带宽、延伸性好。

软弱夹泥充填型空区内岩体纵横波速下降，且充填物内部波速变化较小。

4.5　西石门铁矿井下深部开拓 TRT 地质超前预报

4.5.1　优化布置参数

4.5.1.1　主要参数

A　震源

在隧道地震勘探中，为了采集到所需要的地震波信息，可选用各种不同的震源。目前地震勘探中常见的震源有爆炸、锤击震源、气枪震源、电火花等震源形式，不论采用何种震源，均要求震源具有：

(1) 震源激发的震源子波应该具有高度的一致性；

(2) 震源应该具有一定的能量；

(3) 震源所激发的频谱应该尽量宽。

对于不同的岩性，能量的衰减也有所不同，在完整性良好的岩石中波速传播快，能量衰减小，勘探深度较远，而在强风化岩石及沙土层中波速传播慢，能量衰减大，勘探深度有限。

B 最小偏移距

最小偏移距（检波点到最近震源的距离）的设计不同于地面地震勘探，既要接收到 P 波也要接收到 S 波。因此，在纵波有效接收的基础上，要激发接收能量足够强的、具有一定分辨能力的转换横波。而只有当 P 波为非法线入射，且入射角大于一定角度时，才有足够强的转换横波产生，这就是横波时窗。

偏移距是一个比较重要的参数，如果参数选择合适了，可以尽量减少引入其他干扰信号（如面波、声波、震源干扰等），如果参数选择太小，容易受到震源干扰，且会使面波等一些干扰信号比较发育；如果参数选择太大，会削弱反射波能量，从而影响数据质量。使用中，需结合实际情况开展测试。

C 炮间距

选择炮间距应以在地震记录上能可靠地辨认同一有效波的相同相位为原则。能否可靠辨认同一相位，主要取决于地震相邻震源所产生的有效波到达检波器的时间差 t，所记录有效波的视周期及其他波对有效波的干扰程度。如果有效波在地层记录上的视周期为 T，那么炮间距 x 选择的基本原则应使时间 t 小于周期 T 的一半。这样便能可靠地辨认有效波的相同相位。反之，如果 $t>T/2$，则有可能造成相位对比错误，即有可能把不同的相位错认了。

考虑地震有效波视速度，通常把最大限度定为：

$$\Delta x_{\max} = \frac{1}{2} v_a T^*$$

(4-39)

因此，在勘探中对道间距的选择应该满足以上要求，抑制空间假频的出现，道间距选择越小越好。

在实际勘探中，炮间距也是一个比较重要的参数，由于巷道的特殊环境限定，如果参数选择太小，会增大误差，遗漏一些信息；如果参数选择太大，除会影响接收能量外，还会产生空间假频，需要结合矿山开采、岩石性质等具体情况加以确定。

4.5.1.2 震源能量

TRT 采用锤击震源，一般来讲，锤击震源能达到勘探深度 100m 左右，在围岩条件较好的情况下，最大能达到 200m，对于井下地质超前预报的距离是十分合适的。

如图 4-14 所示，分别采用 8.16kg、5.44kg、4.54kg、2.72kg 大锤激发震源，得到不同重量锤击震源的地震波振幅谱，8.16kg 铁锤的激发能量在这四种重量的锤击震源中是最强的，但它激发的信号谱峰值和反射波窗口内的高低频能量的均一性却比其他三种锤的激发效果差，且高频成分也衰减较快。这是由于大锤重量过大后，一部分围岩被砸碎或变形，锤击能量被岩石吸收造成的。当减小大锤重量时，激发能量随之降低，而地震信号的频率则向高频端移动。

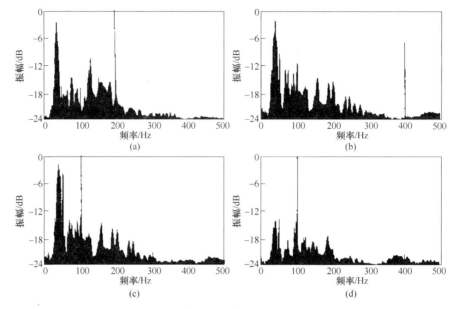

图 4-14　不同重量锤击震源地震波振幅谱

（a）8.16kg；（b）5.44kg；（c）4.54kg；（d）2.72kg

因此，选取 5.44kg 大锤敲击完整岩壁激发震源。

4.5.1.3　固定震源的最小偏移距（南区 23 冶）

南区 23 冶 TRT 测试共做两次，震源点不变，检波器点位置分别距离震源（最小偏移距）10m 和 20m，对比探测结果（图 4-15）。

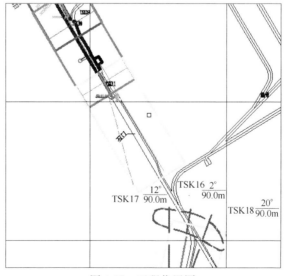

图 4-15　工程位置图

（1）震源点距离检波器点 10m，如图 4-16～图 4-19 所示。

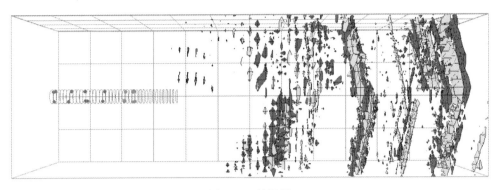

图 4-16　俯视图

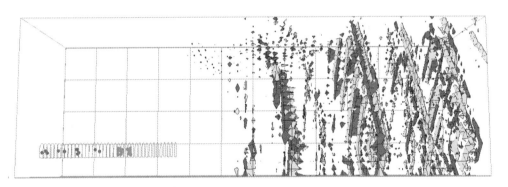

图 4-17　正视图

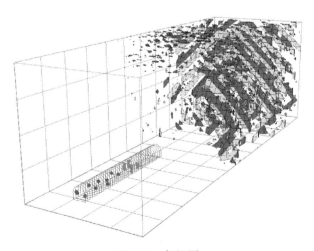

图 4-18　侧视图

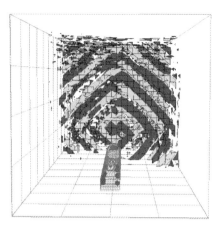

图 4-19   后视图

（2）震源点距离检波器点 20m，如图 4-20～图 4-23 所示。

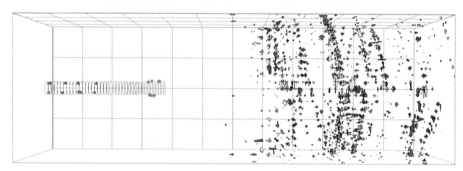

图 4-20   俯视图

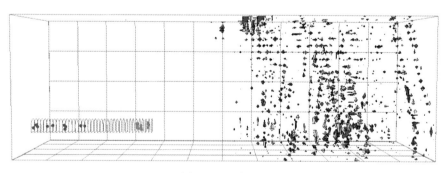

图 4-21   正视图

主要异常区域为掌子面前方 30m，主要为破碎带或节理裂隙带。

检波器离震源越远，反射信号越小。在检波器距离震源较远的情况下，前方地质体反射波显现较为杂乱、无序，负反射信号更为明显。

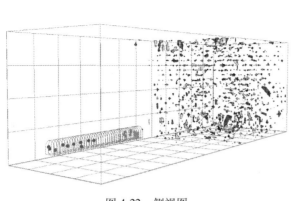

图 4-22 侧视图

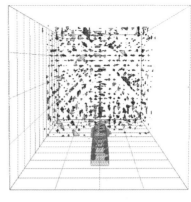

图 4-23 后视图

4.5.1.4 固定检波器的最小偏移距（南区 0m 水平 8 号穿 9 号探矿巷）

南区 0m 水平 8 号穿 9 号探矿巷前方有已经揭露的民采空区巷道，共做两次，检波器点位置不变，震源点分别距离检波器点（最小偏移距）10m 和 20m（图 4-24）。

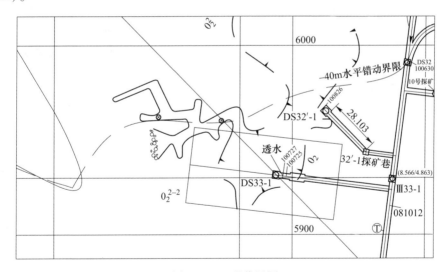

图 4-24 工程位置图

（1）震源点距离检波器点 10m，如图 4-25 所示。

（2）震源点距离检波器点 20m，如图 4-26 所示。

异常区域掌子面前方 30m，其中掌子面前方 48m，中心线右方低阻抗明显，可能为破碎带或节理裂隙带；掌子面前方 50m，中心线右方低阻抗明显，可能含水量较大，与实际存在的大范围民采空区较为符合。

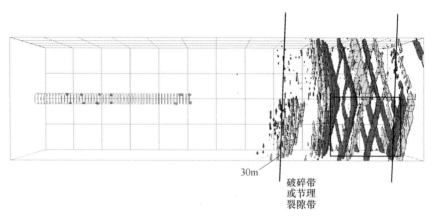

图 4-25　俯视图

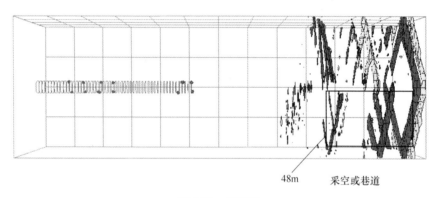

图 4-26　俯视图

震源点距离检波器较远，距离掌子面较近，可以很好地滤除直达波和其他杂波信号干扰，对于探测软弱带、空区等负反射信号体具有较好的效果。

4.5.1.5　固定检波器的炮间距（南区 0m 水平 28 线探矿巷）

南区 0m 水平 28 线探矿巷共做两次，钻探揭露前方 30m 处存在空区，具体形态未知。试验测试时检波器点位置不变，震源点分别距离检波器点（最小偏移距）11m 和 17m，炮间距（震源排距）分别为 2m 和 0.5m（图 4-27）。

（1）震源点距离检波器点 11m，道间距 0.5m，如图 4-28 所示。

（2）震源点距离检波器点 17m，道间距 2m，如图 4-29 所示。

经试验得出两次结果都是异常区域为掌子面前方 30m 处右上方，与钻探采空区位置基本对应，炮间排距 2m 的数据质量更高。

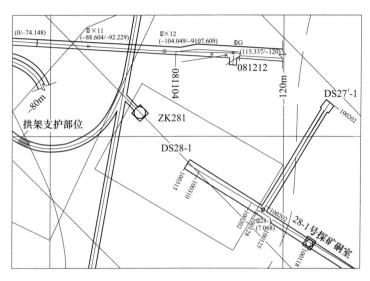

图 4-27　工程位置图

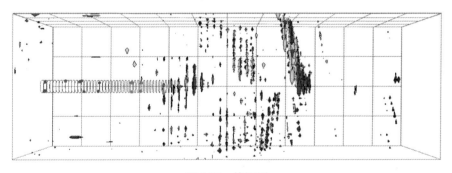

图 4-28　俯视图

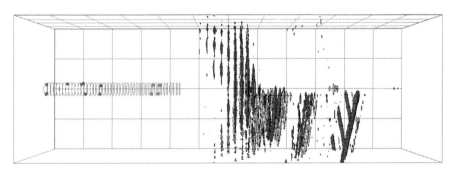

图 4-29　俯视图

4.5.1.6   主要结论

（1）震源宜选择 5~6kg 大锤夯击坚实、完整的岩壁。

（2）不同布置方式探测的异常区域定位基本一致，但分比率和成像效果有一定差异，直接影响异常解释效果。

（3）震源应尽可能接近掌子面，前方有较长留空巷道时，岩层反射波会在巷道周围发生绕射，影响探测结果。

（4）最小偏移距在 15.0~20.0m 之间为宜。震源点距离传感器近，由于直达波能量较大，反射信号强，对低阻抗信号有压制作用，保持一定间距后，低阻抗效果明显。由于探测采空区、软弱带等不良地质构造，更多关注低阻抗异常，因此，震源与检波器保持 15~20m 之间。

（5）炮间距在 2m 左右为宜。

4.5.2   探测已知工程

4.5.2.1   探测巷道工程（南区 80 运输大巷第一测点）

验证前方左侧巷道工程，巷道分岔处位于前方 25m，左侧延伸，探测区域为震源点前方 90m，两侧 20m（图 4-30）。

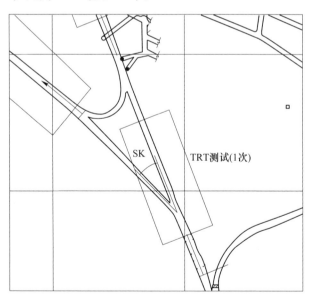

图 4-30   工程位置图

异常在图中的分布为：掌子面前方 30~60m 范围，有明显高低阻抗异常，推测为采空或巷道，与该处实际巷道位置吻合。由于震源点前方为已经开挖的巷道，地震波在前方地质体内传播有沿巷道发生绕射现场，对现有巷道的位置、走向等定位不清晰（图 4-31）。

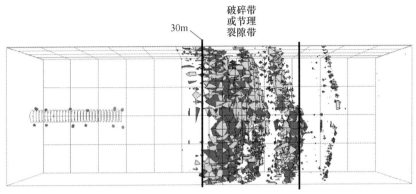

图 4-31 俯视图

4.5.2.2 探测采空区（南区 80 大巷 2 号副井停车场）

探测震源点前方 70m 处 2 号副井及停车场巷道工程。探测距离为震源点前方 90m，左右宽度 20m（图 4-32）。

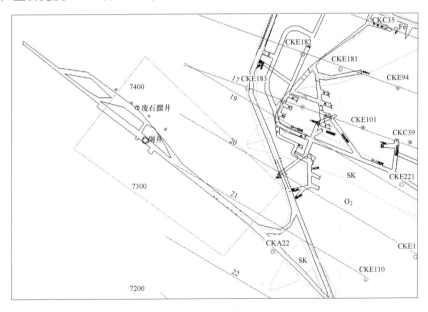

图 4-32 工程位置图

在全巷道中测量，震源点上方有裂隙，淋水。震源点前方约 80m 有低阻抗异常，与 2 号副井位置对应（图 4-33）。

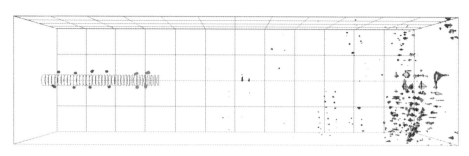

图 4-33　俯视图

4.5.2.3　探测充填采空区（南区 80 运输大巷第二测点）

验证震源点前方 30m 右侧存在采场空区，探测区域为震源点前方 90m，两侧 20m（图 4-34）。

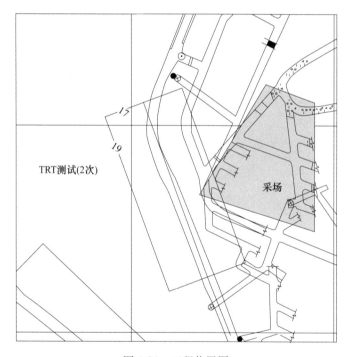

图 4-34　工程位置图

经现场测试，验证异常区域在图中的分布为：掌子面前方 30m，显现为破碎带或节理裂隙带，40~60m 范围右侧低阻抗异常明显，与采空区情况基本符合。说明当 TRT 预报距离采空区较近时，能有较强烈低阻抗反射，但在未知情况下，可能很难区分地质构造与采空区同时造成的反射影响（图 4-35）。

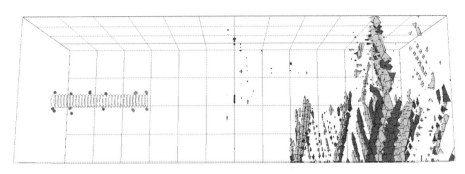

图 4-35　俯视图

4.5.2.4　探测充水采空区（中区0m临时水仓）

全巷道内测量。围岩较为破碎，顶板有淋水，采用喷浆支护，验证震源点前方约 30m 处水仓。

探测显示巷道周边反射信号较多，说明围岩较为破碎，里程 39~48m 中心线以右 0~20m，有连续低阻抗异常区域，与水仓范围基本吻合（图 4-36）。

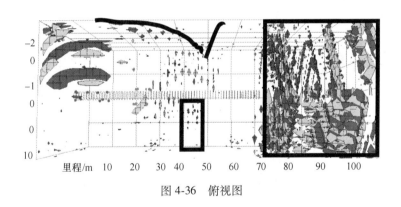

图 4-36　俯视图

4.5.3　预报有断层或裂隙带测点

4.5.3.1　中央区 80 运输巷 2 号副井口附近（2013-01-07）

TRT 预报推测：前排震源点前方 18~37m，里程 12~32m，巷道中心线左侧 18~30m，高程 56~95m 存在一较大范围异常，推测可能为破碎岩体引起，不排除存在空区等采矿工程的可能（图 4-37）。由于本次探测在全巷道中完成，无掌子面，且巷道旁侧有巷道分支，对探测结果可能产生一定影响，结果可能发生变形或偏移。

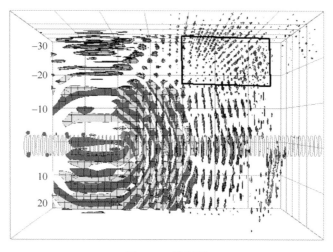

图 4-37　俯视图

4.5.3.2　南区-40m 水平 8 号穿（2013-01-08）

探测目的：验证掌子面前方推测采空区和未知巷道，探测区域为震源点前方 90m，两侧 20m（图 4-38）。

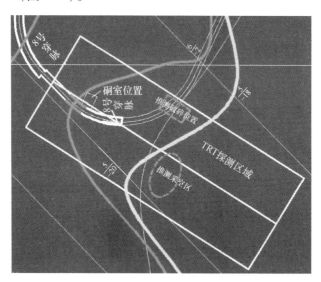

图 4-38　工程位置图

TRT 预报推测：里程 11~30m，高程-35~-10m，巷道中心线左侧-20~-12m 区域岩体破碎；里程 18~35m，高程-50~-34m，巷道中心线右侧 0~18m 存在一处可疑异常，根据异常形态判断可能为一采空区；里程 55m 附近，高程-50~-10m

位置，高低阻抗过渡明显，可能为一裂隙面或岩体由完整向软弱的过渡位置（图4-39）。

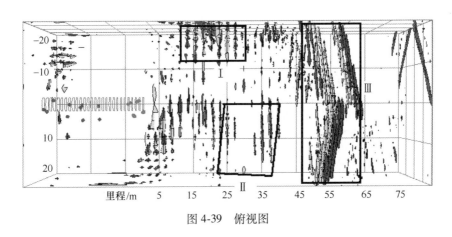

图 4-39 俯视图

4.5.4 探测充水采空区

4.5.4.1 南区-120m 水平 5 号穿（本次 6 磅）（2013-06-25）

验证震源点前方放水硐室和闪长岩破碎带，探测区域为震源点前方 90m，两侧 20m（图 4-40）。

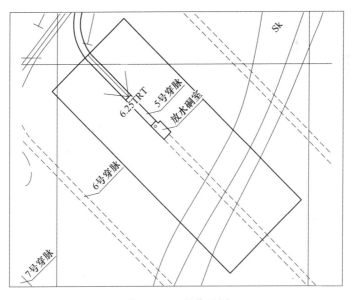

图 4-40 工程位置图

探测发现两处异常，Ⅰ号异常位于掌子面前方 30m 处，里程 50~60m，高阻抗向低阻抗过度明显，推测为较大裂隙面引起；Ⅱ号异常位于里程 80m 以后，高低阻抗伴生出现，推测岩体较破碎（图 4-41）。

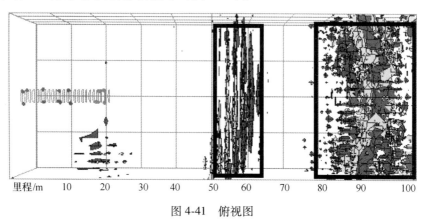

图 4-41 俯视图

4.5.4.2 南区-120m 水平 5 号穿（本次 12 磅）（2013-06-25）

预报目的：验证前方 15m 放水硐室，并与 6 磅锤做比较测试 TRT 效果，探测区域为震源点前方 90m，两侧 20m（图 4-42）。

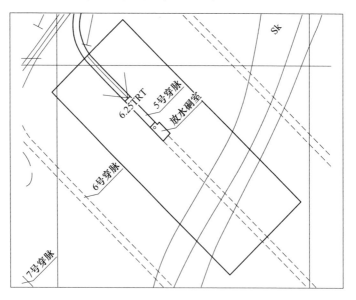

图 4-42 工程位置图

本次探测发现两处异常，Ⅰ号异常位于掌子面前方 40m 处，里程 60~70m，高阻抗向低阻抗过度明显，推测为较大裂隙面引起；Ⅱ号异常位于里程 83m 以后，高低阻抗伴生出现，推测岩体较破碎（图 4-43）。

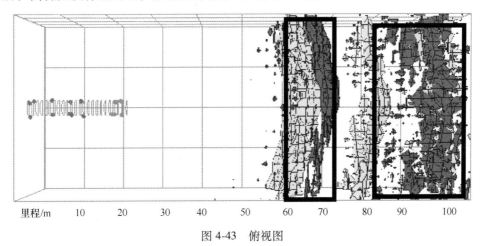

图 4-43　俯视图

经过两次在区-120m 水平 5 号穿的 TRT 测试可以看出 TRT 探测超前预报的准确性和稳定性，6 磅锤虽然呈现图像没有 12 磅锤信号强烈，但清晰度更高，更易分辨出高低阻抗变化，区分地质构造、采空区和含水空区。

5 深部复杂采空区三维地震探测技术研究

<<<<<<<<<<<<<<<<<<<<<<<<<<<<<<<<<<<<<<<<<<<<<<<<<<<<<<<<<<<<<<<<<<<<<<

5.1 三维地震勘探基本原理

"地震"就是"地动"的意思。天然地震是地球内部发生运动而引起的地壳的震动。地震勘探则是利用人工的方法引起地壳振动（如炸药爆炸、可控震源振动），再利用精密仪器按一定的观测方式记录爆炸后地面上各接收点的振动信息，利用对原始记录信息经一系列加工处理后得到的成果资料推断地下地质构造的特点。

根据地震波的传播方式，可将浅层地震勘探分为浅层折射波法、浅层反射波法、面波法、透射波法（直达波法）和地震多波法（图5-1）。

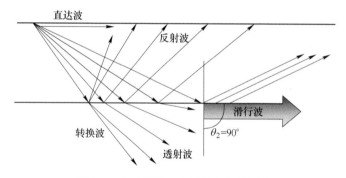

图 5-1　与地震勘探有关的各种地震波

浅层反射波法是利用人工激发的地震波在岩土界面上产生反射的原理，对浅层具有波阻抗差异的地层或构造进行探测的一种地震勘探方法。在工程勘察中，浅层反射波法主要用于探测覆盖层厚度和进行浅层分层，确定几十米内的较小的地质构造以及寻找局部地质体等。浅层反射波法能够较直观地反映地层界面的起伏状态，还可克服折射波法的某些局限性，如探测高速层屏蔽下部的地质构造。但由于反射波是续至波，所受干扰波多，其野外数据采集和资料处理较折射波法复杂。直至20世纪80年代后期，随着信号增强型工程地震仪的问世以及微型计算机的普及，浅层反射波法才逐渐成为工程地震勘探的常规方法。

反射波的产生条件与折射波的产生条件有所不同，地震波向下传播时，在两种地层的分界面上，无论界面的波阻抗增大还是减小，都能产生反射波。即使上下地层波速相同，只要密度不同，其分界面也能产生反射波。

进行反射波数据采集时，依据激发点与接收排列的相对位置，反射波法的观测系统可以分为单边激发排列和中间激发排列（又称单边展开排列、双边展开排列）两种观测系统。根据对反射界面上的每个反射点的测量次数，反射波法的观测系统又可分为单次覆盖和多次覆盖两类。单次覆盖观测系统是对反射界面上的每个反射点只进行一次测量的观测系统；多次覆盖观测系统是对反射界面上的每个反射点进行多次测量的观测系统（图5-2）。

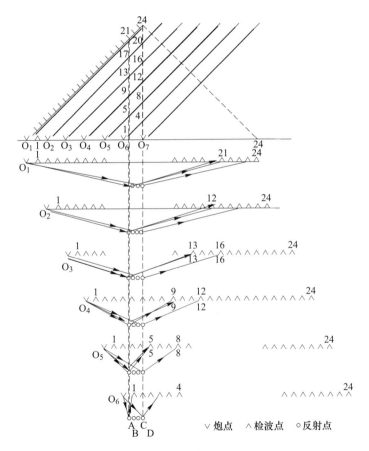

图5-2 观测系统及其图示方法（6次覆盖）

三维地震由二维地震发展而来。与二维地震不同的是，三维地震采用高密度的、各种形式的面积观测系统，所以三维地震又称为面积勘探法（图5-3）。

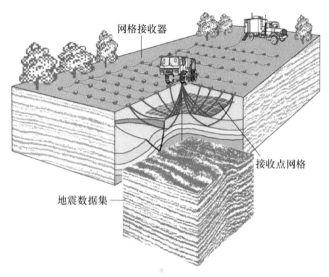

图 5-3   三维地震测线野外布设示意图

5.2   采空区三维地震特征研究

5.2.1   采空区三维地震响应特征正演研究

采空区与其上下围岩具有一定规模的波阻抗差异，这一差异会在地震波场中引起响应，可以通过识别这一地震响应来判别圈定采空区的边界及其分布范围。利用正演软件包对各种类型和规模的采空区进行正演模拟，对得到的采空区地震波场响应特征进行分析，进而得出理论上可以正演出地震勘探识别采空区的最小宽度和最小厚度所需要的采集参数，确定合理的观测系统。

针对研究区的开采实践证明，采空区存在两种不同的破坏形式，即有充填的采空区和无充填的采空区，有充填的采空区由于充填物的存在，会对上覆岩层产生一个影响范围，即"三带"的存在（图 5-4）。针对以上理论总共建立了两大

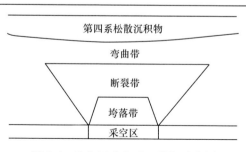

图 5-4   采空区垂直"三带"示意图

类采空区的地质结构模型，即以无充填的空洞形式存在的采空区模型和以有充填的垂直"三带"式结构存在的采空区模型。

5.2.1.1 采空区模型建立

在建模时，为了突出采空区的地震响应，加上当前没有完整的资料，没有考虑实际研究区复杂的地层结构和地层层序，仅在一个局部的小环境内建立了理想的采空区模型，这样计算得到的地震资料中，波场成分简单，可以较为容易地识别单纯因采空区引起的地震响应。另外，所有模型的采空区埋深是指采空区顶部所处的深度值，采空区的厚度是指经开采后实际形成的采空区的垂直厚度，采空区的宽度是指采空区的横向延伸范围值。所有模型中地震子波采用的均是主频为25Hz 的 Rikker 子波。

根据研究区的采空区的可能情况，设计了以下三种正演类型，分别为未开采铁矿、已开采但未充填、已开采已充填。并分别进行建模（具体建模数据见表 5-1），然后分析地震响应特征。

表 5-1 观测系统参数

道距	接收道数	滚动道数	炮点距	偏移距	覆盖次数	激发位置
10m	81 道	2 道	20m	0m	20 次	中点激发

5.2.1.2 采空区模型地震响应分析

根据上面的三种模型及填充参数，分别进行了正演，地震响应特征分别如图5-5~图 5-7 所示。

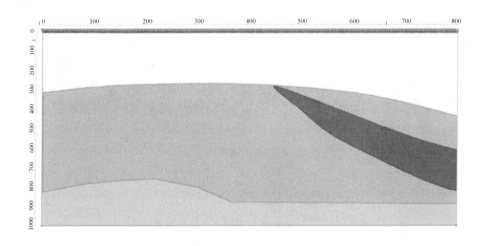

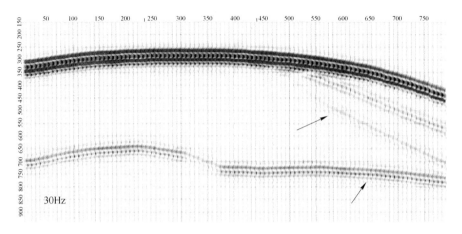

图 5-5   未开采铁矿地质剖面正演

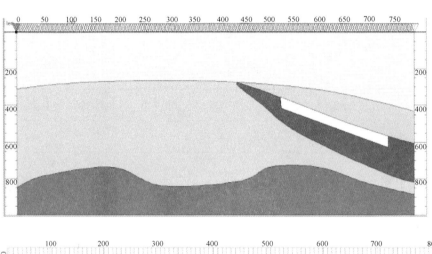

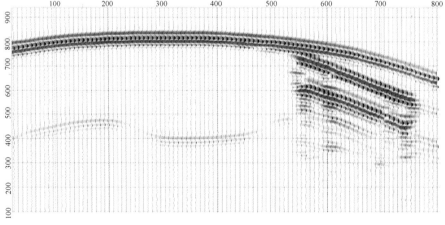

图 5-6   已开采铁矿剖面正演（已开采但未充填）

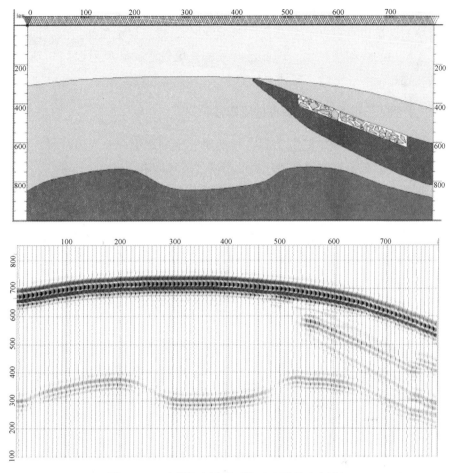

图 5-7 已开采铁矿剖面正演（已开采已充填）

从正演剖面中可以看出（图 5-5），第四系黄土与变质岩地层形成了波峰较强反射界面，以变质岩为围岩的铁矿，阻抗差相对小一些，在地震剖面中形成了以上波峰下波谷为包络的反射界面，可以将铁矿形态和规模清晰地刻画出来，同时，由于铁矿速度较高，造成的速度陷阱，引起铁矿下方反射界面轻微向上拉伸。变质岩下伏地层则形成了较弱的波谷反射。

从开采但未充填铁矿正演地震剖面中可以看出（图 5-6），第四系黄土与变质岩地层形成了波峰较强反射界面，以变质岩为围岩且已经开采形成空气填充空间的铁矿，上部与变质岩顶板，下部与铁矿本身形成巨大的阻抗差，导致地震反射中出现矿顶强反射，同时下方出现多次波的假反射。

从已开采已充填铁矿正演地震剖面中可以看出（图 5-7），第四系黄土与变质岩地层所形成的波峰较强反射界面未受到影响，但是以变质岩为围岩且已经开采并充填的铁矿矿坑中由于充填了大量的胶结物，导致矿坑顶部与围岩的阻抗差减小，矿坑顶的反射被削弱，因此已开采已充填铁矿矿底反射以同相轴突然变弱、同相轴相位差、错断、扭动等现象为主。

5.2.2　采空区三维地震响应特征地震属性研究

地震属性分析已经广泛应用到各种地层的预测之中，而且属性种类越来越多，在研究中，根据不同属性所代表的不同含义来具体分析。

在沉积岩地层中，比如振幅类属性能直接反映流体的变化、岩性的变化、储层孔隙度变化、河流、三角洲砂体、某种类型的礁体、不整合面、地层调谐效应和地层的层序变化等。它能直接反映反射系数（波阻抗界面）和AVO（振幅随炮检距变化）效应。振幅属性是十分重要的可以直接描述储层变化的地震属性之一，因此可以通过振幅属性的变化预测油气。叠后提取的振幅属性种类繁多，其中有均方根振幅、平均绝对值振幅、最大峰值（谷值）振幅、平均峰值（谷值）振幅、最大绝对值振幅、平均振幅、绝对值振幅总量、能量总体、振幅变化的不对称性和振幅的峰态变化等。这类振幅属性都是基于时间域反射波能量的不同形式表征，它们具有共同的变化趋势，在宏观上讲物理性质基本相同，但在实际应用中它们之间存在着一定的差异。显然在开始进行振幅属性计算时，应该对不同算法的含义和计算效果做充分的实验分析，最终确定相对敏感和稳定，并能反映地下地质体特征的振幅属性用于计算，表征地下地质体的特征。

在变质岩地层中，由于变质岩的横向变化比较快，各向异性特别强，地层形成比较悠久，造成变质岩地层的速度密度比较大。就当前的变质岩勘探技术而言，现在尚没有发现特别有效的地球物理技术。

由于研究区铁矿厚度比较薄（主要几米至十几米），平面展布范围比较小，属于薄、窄地质体，加上地表施工条件差，地震分辨率比较低（主频20Hz左右，频宽为5~40Hz），信噪比比较低，造成铁矿和上下及周边围岩阻抗差比较小，成像困难（图5-8），从而造成采空区的识别具有很大的多解性。

随着地震属性应用的不断深化，越来越多的属性被提取出来。但是，属性的无限增加也会给预测带来不利的影响：（1）与目的层无关的属性，只能对目的层的预测起干扰作用；（2）属性的增加会给计算带来困难；（3）彼此相关的属性成分会造成信息的重复和浪费；（4）预测中使用的属性个数与训练的样本数密切相关，在独立的井数据或很少的井数据中，参加考虑的独

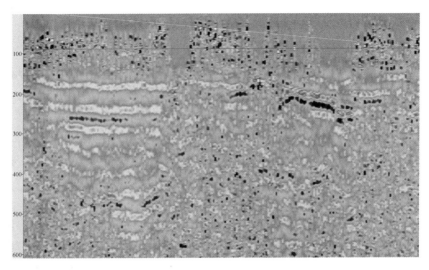

图 5-8　研究区 CDP360 线

立地震属性过多时，地震属性与井数据采样伪相关产生的概率增大，出现多解现象。

由于上述原因，必须对地震属性进行优选。其优选的必要性表现在：（1）遗漏使用实际上有关联的地震属性预测储层参数，势必会降低预测的精度；（2）使用无关联的地震属性预测参数，可能会导致难以觉察的错误预测结果。因此，地震属性优选的任务就是利用数学算法和人为经验，优选出预测目标最敏感的、属性个数最少的地震属性或地震属性组合，提高地震属性的预测精度，从而进行精细储层参数预测。

本次研究提取了多种地震属性，并做了与实际地质地下考察交会分析，但由于地层接触关系复杂，地层变化较快（不同的构造位置厚度不同，地质年代也不同），每一种地震属性都存在较大的误差。

因地层关系复杂，根据复杂接触关系的属性"提不准"原理分析，其原因主要如下：

（1）剥蚀或超覆地层，属性"穿时"，不同位置地质年代不一样。

（2）剥蚀或者超覆地层逐步变薄时，受上下同相轴（围岩）影响。

（3）当地层厚度小于 1/4 波长时，其地震属性与地层厚度关系复杂。

（4）在项目运用地震属性综合评价认为，采用 RMS 振幅属性较好。

（5）RMS 振幅能较好地体现地层的空间变化。

（6）蚂蚁体追踪能较好地识别断层。

（7）瞬时相位能较好地体现采空区的边界变化。

基于上面的认识，本次研究在明确不同采空区地震反射特征的基础上，沿 3 个主要目的层（第四系底、铁矿顶、铁矿中底部）提取振幅甜点、瞬时频率、蚂蚁追踪等多种地震属性，对采空区特征开展进一步的分析、验证。

从图 5-9 分析可知，具有"三强夹两弱"的分布特点，这表明基底风化层的厚度具有差异，其中南北两边强，南北到中间的过度分别具有一个低值区，该低值区风化壳比较发育。

从图 5-10 分析可知，可分为南北两个区，其中北部区相对比较均匀，南区变化比较大。南北区分界处存在一个低值区，表明北部地层比较稳定，变化不大，南部地层变化比较快。

图 5-9　第四系底面振幅甜点属性图　　　图 5-10　第四系底面频率属性图

从图 5-11 分析可知，整个第四系底信噪比相对较低，第四系面区域性大断层不发育，在工区的北东部发育 3 条稍大断层，在西南部发育一北西南东向稍大断层，其余仅仅发育局部微小断裂。断裂的走向以近东西向为主。

从图 5-12 分析可知，可分为南北两个区，其中北部区相对比较均匀，南区变化比较大。南北区分界处存在一个低值区，表明北部地层比较稳定，变化不大，南部地层变化比较快。

从图 5-13 分析可知，分为南北两个区，其中北部区频率较高，相对比较均匀，南区相对较低，变化比较大。表明北区地层比较稳定，南部地层变化比较快。

图 5-11　第四系底面蚂蚁追踪属性图　　　图 5-12　铁矿顶面振幅甜点属性图

从图 5-14 分析可知，整个铁矿顶面信噪比相对较低，铁矿顶面区域性大断层不发育，仅仅发育局部微小断裂。断裂的走向以近东西向为主。

 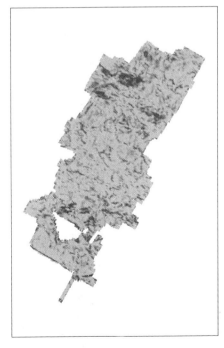

图 5-13　铁矿顶面频率属性图　　　　　图 5-14　铁矿顶面蚂蚁追踪属性图

从图 5-15 分析可知,可分为两北两个高值区,其中南部区甜点较高,相对比较均匀,北部区相对较低,变化比较大。表明南区地层比较稳定,北部地层变化比较快。

从图 5-16 分析可知,整体规律性不强,这也表明变质岩横向变化比较快,规律性比较差。

图 5-15 铁矿中底部振幅甜点属性图   图 5-16 铁矿中底部均方根振幅属性图

从图 5-17 分析可知,整个的铁矿顶面信噪比相对较低,铁矿中底部区域性大断层不发育,仅仅发育局部微小断裂。断裂的走向以近东西向为主。

另外,从 160~270ms 切片均方根振幅属性图上分析(图 5-18~图 5-21),这4张切片从上向下。从 160ms 及 190ms 切片分析,北部振幅弱,南部强。从钻孔分析,北部地层在这个切片上为第四系碎屑岩地层,而南部为变质岩。而 230ms 及 270ms 切片,从钻孔分析,这 2 张切片都为变质岩切片,表明了地层的倾向差异,其中北部切在了波谷上,振幅弱,而南部切在波峰上,振幅比较强。

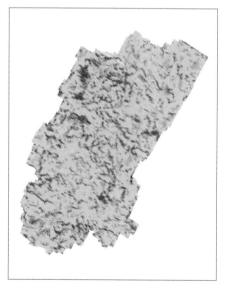

图 5-17 铁矿中底部蚂蚁追踪属性图

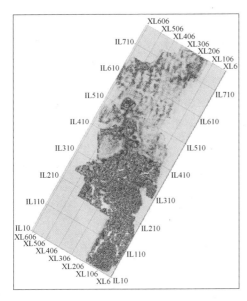

图 5-18 160ms 均方根振幅属性图

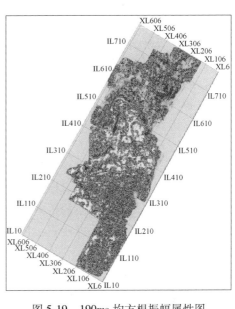

图 5-19 190ms 均方根振幅属性图

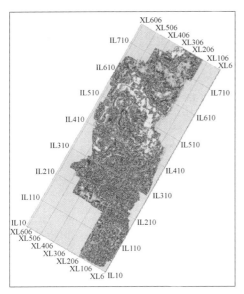

图 5-20 230ms 均方根振幅属性图

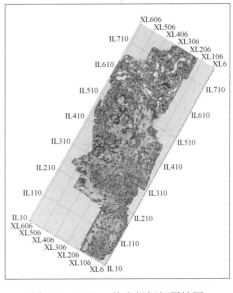

图 5-21 270ms 均方根振幅属性图

5.2.3 采空区空间分布研究

对识别出的采空区地震轴（层位）利用变速成图技术，实现采空区的深度转换，得到采空区的空间分布。

5.2.3.1　速度研究

地震波的速度参数是地震勘探中最重要的一个参数。在资料处理和解释的过程中，速度资料在许多环节都要用到。通过速度谱分析，获得叠加速度，进而求取均方根速度、层速度、平均速度等，可以为层位标定、岩性研究、构造成图等提供依据。而在构造成图时，用于时深转换的平均速度准确与否将直接影响构造解释的精度。因此，尽量建立相对准确的速度场，是地震资料处理和解释过程中最基础也是最难的工作之一。

地震波在地层中的传播速度很难精确测定它的数值。因为严格来说，即使在同一岩层中的各个不同部分或沿不同的方向，地震波的传播速度都是不同的，也就是说，要精确表示地震波的传播速度应当用坐标的函数 $V = F(X、Y、Z)$。但是在实际生产工作中，不可能真正精确地确定这种函数关系。而只能对极其复杂的实际情况做出种种简化，建立各种简化的介质模型，然后采用各种不同的算法，向精确的模型逼近，得到相对准确的速度场。

从叠加速度分析，速度横向变化比较快（图 5-22）。从平均速度分析可以发现，速度由于受埋深和岩性的变化，存在较大的变化，这种情况下利用变速成图能较好地消除这些速度影响。

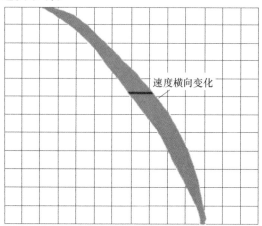

图 5-22　叠加速度集中显示示意图

5.2.3.2　变速成图

在速度场的建立过程中，主要采用以下步骤：

（1）追踪反射层位。虽然常规偏移方法会产生偏移误差，但在偏移时间剖面上各种地震波已基本归位，地层关系和构造关系也相对清楚合理，易于解释辨认和追踪拾取。

（2）沿层速度分析。通过速度谱分析获得叠加速度是地震资料处理常用的方法之一。在实际处理中，速度谱在纵、横向上一般间隔较大，不能反映叠加速度的横向变化细节。采用缩小速度谱间隔的办法，虽然可以较好地反映叠加速度的横向变化细节，但每条速度谱曲线一般是单点分析，它们之间的层位关系并不完全一致。因此，我们用"第1步"中拾取的反射层位作为沿层速度分析方法，指导速度的上下范围内逐个计算其相似性，得到叠前CMP道集对应走时处的叠加速度谱，并将沿该解释层位计算的所有叠加速度谱逐点排列，形成一个反射波能量团连续排列、与地震剖面一致的沿层横向叠加速度谱（图5-23）。以此为依据，对原叠加速度谱进行校正，采用插值技术加密纵向速度谱，并剔除速度异常点，就可以得到纵、横向关系都比较合理清楚的叠加速度场。

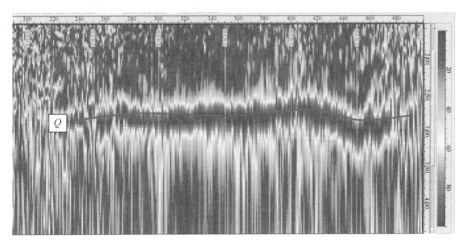

图5-23 研究区第四系底叠加速度谱

（3）速度倾角校正。均方根速度是比较精确的速度资料，目前均方根速度是通过计算速度谱得到的叠加速度进行换算求得。我们知道，叠加速度在地下为水平层状介质时与均方根速度相同，不需做倾角校正。地下不是水平层状介质时，叠加速度与均方根速度不同，因此必须对叠加速度场进行倾角校正。

（4）求取层速度。通过地震测井和声波测井可以得到比较准确的层速度资料。但测井资料毕竟有限，而且只能反映井点附近的速度。想要得到整个工区的层速度场，可以用由均方根速度转换为层速度的公式，即Dix公式：

$$v_n = \sqrt{\frac{t_{0,n} v_{r,n}^2 - t_{0,n-1} v_{r,n-1}^2}{t_{0,n} - t_{0,n-1}}} \tag{5-1}$$

式中，v_n 为层速度；$t_{0,n}$ 和 $t_{0,n-1}$ 为第 n 和 $n-1$ 层的 t_0 时间；$v_{r,n}$ 和 $v_{r,n-1}$ 为第 n 和 $n-1$ 层的均方根速度。

虽然 Dix 公式是在水平层状介质的自激自收假设下推导出的公式，但实际用到的均方根速度是经过沿层速度分析、倾角校正后得到的，为了减小误差，对均方根速度场采用插值加密的办法，使每一个要转换的反射层位在每一点上都有对应的均方根速度，经过转换后得到一个与地震剖面相似的层速度场。

变速成图的核心问题是层速度求取，在实际应用中，一般采用模型层析法，该方法基于射线追踪方法，解决了倾斜地层和速度倒转等问题。

模型层析法（层位控制法）：模型层析法是利用射线传播理论（图 5-24），以地震波自激自收为切入点，在建立 T_0 及速度场空间地质模型的基础上，对曲面 X、Y 方向求导，得出折射点的出射角和反射点偏离入射点的空间偏移量，利用射线传播理论，求取各层的层速度和确定反射界面；解决了倾斜地层和速度倒转等问题。利用模型层析法求取层速度，在计算出层速度和反射界面的同时，也计算出了反射点偏离入射点的水平距离，也就是空间偏移量。从而可以由反射界面和时间模型求出反射层之上的平均速度，即在已知第 $n-1$ 层的层速度和反射界面时，通过迭代求取第 n 层的层速度和确定第 n 个反射界面，最终建立工区的各反射层位控制的平均速度场。

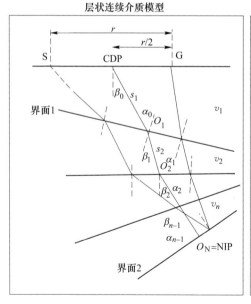
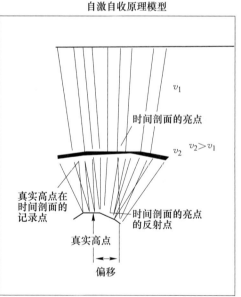

图 5-24　模型层析法

（5）求取平均速度。虽然有了层速度场能够进行构造成图，但操作过程较烦琐。而平均速度能较好地描述炮检距为零时某一层以上平均速度的变化情况，且构造成图十分方便。因而在设计井深、进行时深转换时要用到它。

（6）时深转换。有了平均速度后，利用解释的层位时间值和对应的平均速度相乘，就可以得到该解释层的深度值（图5-25），利用这个深度值可以方便地和钻孔进行比对，分析精度和误差。

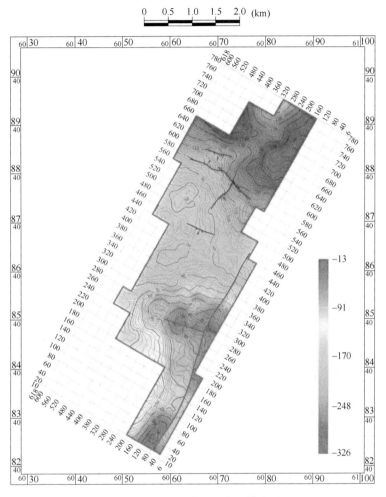

图5-25 研究区第四系底面构造图

因为研究区第四系厚度变化比较快（图5-25），第四系不成岩地层和变质岩地层具有非常大的速度差，造成了叠加成像能量团在第四系底部特别强（图5-26），而在变质岩内部，由于变质岩的横向和垂向变化都非常快，地层倾斜，造成成像能量分散，不居中，从而速度拾取困难，多解析强（图5-26）。从而造成速度差异比较大。

因此，通过利用已知的钻孔验证，对于区内的变质岩内部的铁矿采空区的时深转换，利用叠加速度转换和矿内或者周边钻孔计算得到的速度进行比较，利用周边钻孔精度相对较高，因此，最终选择了利用钻孔速度进行成图。

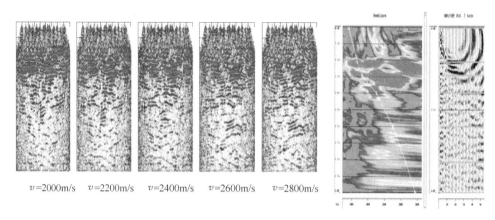

$v=2000\text{m/s}$ $v=2200\text{m/s}$ $v=2400\text{m/s}$ $v=2600\text{m/s}$ $v=2800\text{m/s}$

图 5-26　研究区叠加速度及能量团显示图

5.3　临淄地下矿山采空区三维地震勘探施工及数据采集

5.3.1　试验工作

5.3.1.1　生产因素试验

生产因素试验的试验目的是对激发参数和接收参数进行试验，选取最佳施工参数。试验内容有：

（1）检波器对比试验。对 60Hz 自然频率、5Hz 高灵敏度、10Hz 高灵敏度、10Hz 超级检波器采集的资料进行对比分析，优选适合该区地震勘探的检波器类型。试验测线在工区选取一条便于施工的道路，与测线方向相同。

（2）可控震源参数试验（与检波器对比试验同步进行。）观测系统参数见表5-2。试验分析小型可控震源在浅层地震勘探的适应性，确定小型可控震源的扫描长度、扫描频率、出力大小等施工参数。试验测线在工区选取一条便于施工的道路，与测线方向相同（图5-27）。

表 5-2　观测系统参数

观测系统	1L1S（固定排列接收）
排列方式	固定排列长度 1km，每种检波器摆放 100 道
道距/炮点距	10m/10m
最大炮检距	995m
施工长度	995m
资料长度	992.5m
炮数	101 炮

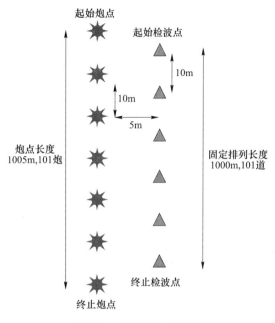

图 5-27　排列施工示意图

（3）井深药量试验。试验点桩号：61862130。试验内容为固定井深 6m，药量分别为 0.5kg、1kg、2kg 和 3kg，固定药量 1kg，井深分别为 4m、6m、8m、10m 和 12m（表 5-3 和图 5-28）。

表 5-3　井深药量试验因素表

序号	井深/m	药量/kg	试验内容
1	4、6、8、10、12	1	井深试验
2	6	0.5、1、2、3	药量试验
合计：8 炮

5.3.1.2　试验资料分析及结论

A　检波器试验资料分析

从处理剖面可以看出，10Hz 高灵敏度检波器信噪比较高，分辨率较好，在 200ms 左右目的层地震波的连续性较好（图 5-29 ～ 图 5-36）。从解释剖面可以看出，10Hz 高灵敏度检波器对于速度能量团的显示较为清晰，追踪层位较为连续。对比四种检波器地震资料，认为 10Hz 高灵敏度检波器最适于该工区的施工要求（图 5-37）。

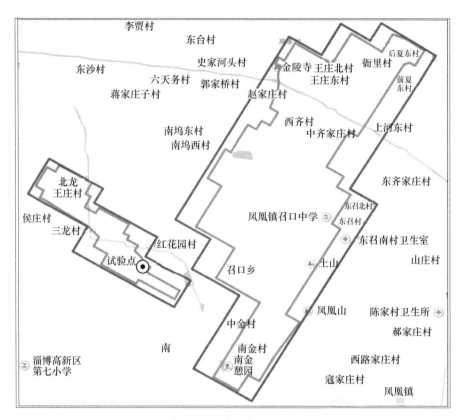

图 5-28　试验点位置图

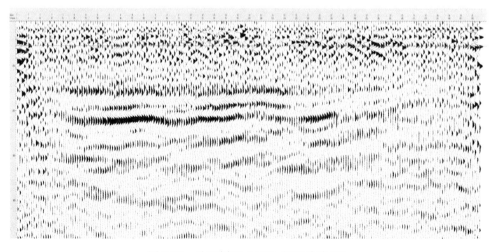

图 5-29　处理剖面（10Hz 超级检波器）

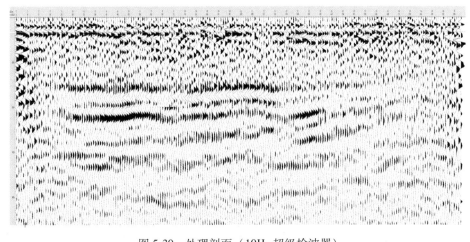

图 5-30 处理剖面（10Hz 超级检波器）

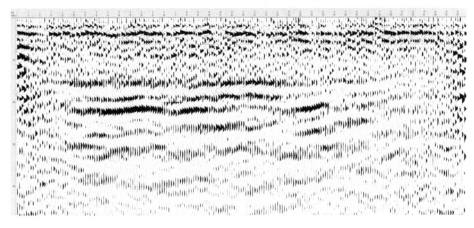

图 5-31 处理剖面（10Hz 高灵敏度检波器）

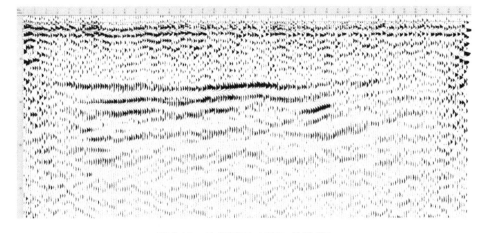

图 5-32 处理剖面（60Hz 检波器）

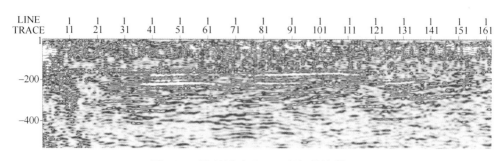

图 5-33　处理剖面（10Hz 超级检波器）

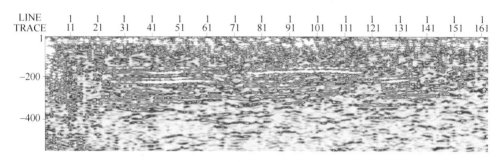

图 5-34　处理剖面（7Hz 高灵敏度检波器）

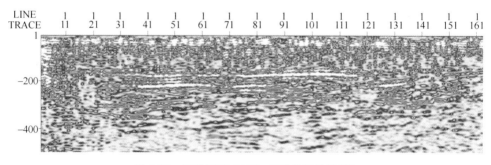

图 5-35　处理剖面（10Hz 高灵敏度检波器）

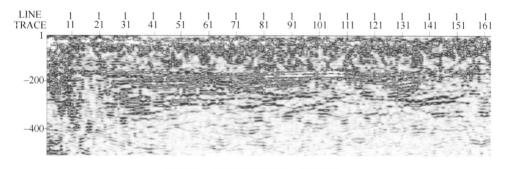

图 5-36　处理剖面（60Hz 检波器）

图 5-37 不同检波器图示

B 井深药量试验资料分析

从不同井深试验单炮 AGC 资料分析（图 5-38）来看，4m 的单炮资料的信噪比最高，同相轴连续性更加清晰。从单炮的分频扫描（图 5-39～图 5-43）来看，4m 的单炮分辨率最高。

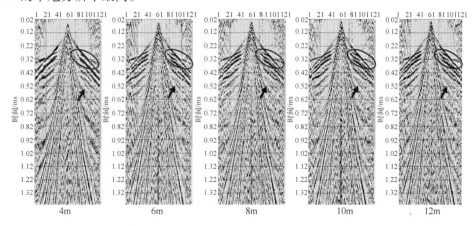

图 5-38 不同井深单炮 AGC 资料分析

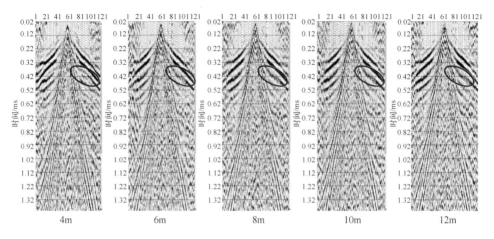

图 5-39　不同井深单炮资料 10~20Hz 分频分析

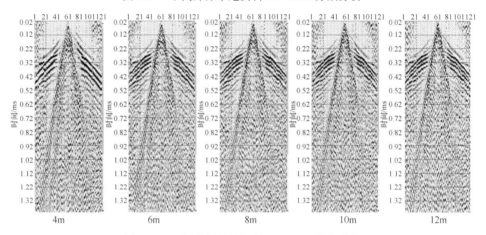

图 5-40　不同井深单炮资料 20~40Hz 分频分析

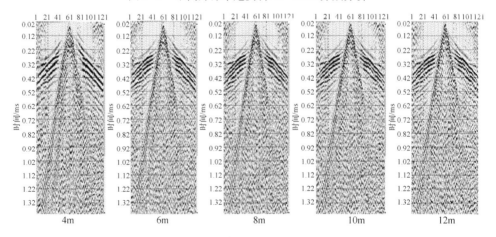

图 5-41　不同井深单炮资料 30~60Hz 分频分析

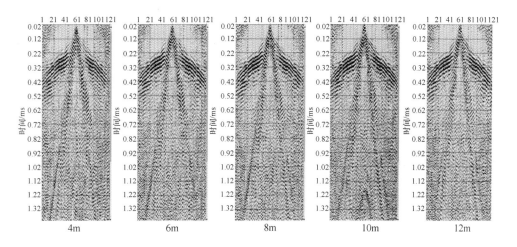

图 5-42 不同井深单炮资料 40~80Hz 分频分析

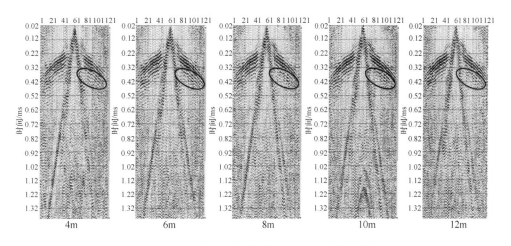

图 5-43 不同井深单炮资料 50~100Hz 分频分析

从不同井深单炮的频谱宽度、信噪比综合分析（图 5-44）来看，4m 井深的单炮资料效果较好。

从不同药量试验单炮 AGC 资料分析（图 5-45）来看，1kg 的单炮资料的信噪比较高，同相轴连续性更加清晰。

从不同药量试验单炮资料分频扫描分析（图 5-46~图 5-50）来看，1kg 的单炮资料的信噪比较高，同相轴连续性更加清晰。

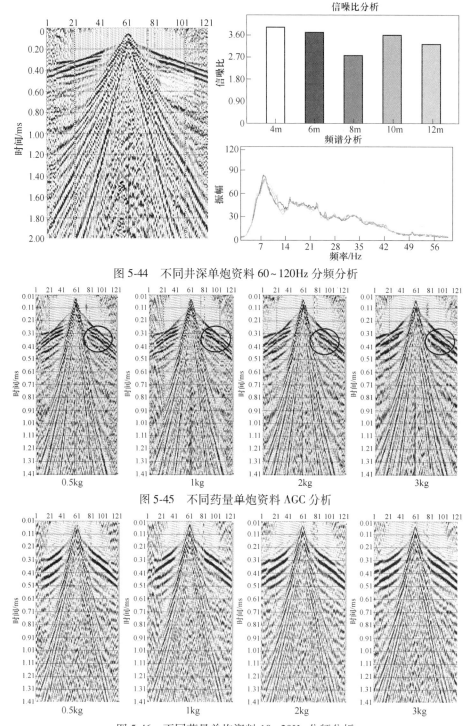

图 5-44   不同井深单炮资料 60~120Hz 分频分析

图 5-45   不同药量单炮资料 AGC 分析

图 5-46   不同药量单炮资料 10~20Hz 分频分析

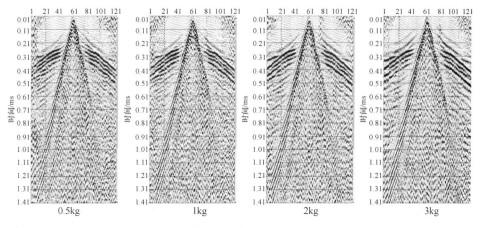

图 5-47 不同药量单炮资料 20~40Hz 分频分析

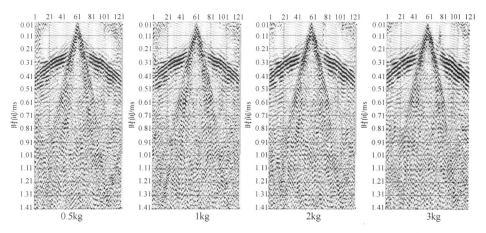

图 5-48 不同药量单炮资料 30~60Hz 分频分析

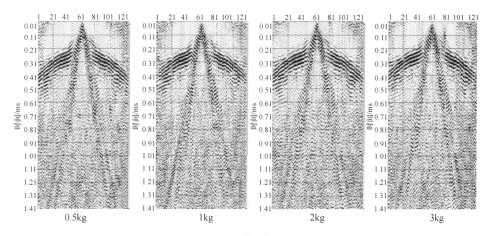

图 5-49 不同药量单炮资料 40~80Hz 分频分析

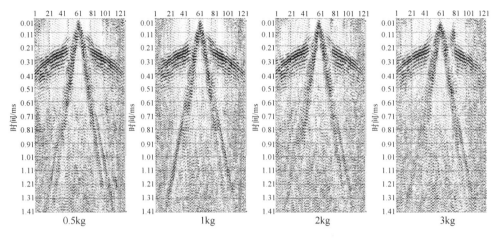

图 5-50　不同药量单炮资料 50~100Hz 分频分析

从不同药量单炮的主频、频谱宽度、信噪比综合分析（图 5-51）来看，1kg 药量的单炮资料最好。

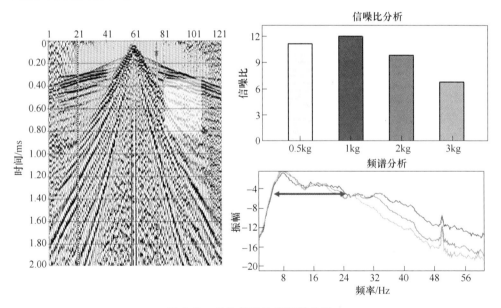

图 5-51　单炮信噪比和频谱分析

根据以上试验情况，综合考虑试验结果分析，确定了本次采集参数为：井深 4m，药量 1kg，采用 10Hz 高灵敏度检波器进行施工。

5.3.1.3　观测系统及施工参数

对于三维地震资料的野外采集而言，选择合理的观测系统是获得高质量地震数据的前提,观测系统的设计一定要遵循一定的原则,并按照切实可行的工作流程实施。

观测系统的设计要综合考虑地质任务、工区的地形地貌、人文条件以及所用设备等因素。设计观测系统的主要原则包括:

(1)三维观测系统的设计受地面条件的制约,因此设计前应对工区进行详细的调查,并根据地形地貌情况采用规则测网。

(2)在确定观测系统参数时应当考虑具体的地质任务和地下地质情况以及各种干扰波的特点等因素。

(3)在一个 CMP 面元内应当均匀分布地震道,炮检距应当从大到小均匀分布,能够保证同时勘探浅、中、深各个目标层,使得观测系统既能够保证取得各个目标层的有效反射信息,又能便于后续的各种分析和处理。

(4)在 CMP 面元内,各炮检距的连线的方位应尽可能均匀分布在该面元的360°方位上,使得三维共中心面元叠加具有真实显示三维反射波的特点。

(5)各面元上的覆盖次数应尽可能相同或者相近,且在全区范围内,保证反射波振幅、频率成分和记录特征均匀稳定。

本次三维地震勘探观测系统见表 5-4。

表 5-4 观测系统参数一览表

施工参数	推荐观测系统
观测系统	12 线 4 炮中间激发
接收道数	120×12＝1440 道
纵向观测系统	595-5-10-5-595
面元网格（横×纵）	10m×5m
覆盖次数（横×纵）	6×10＝60 次
接收道距/线距	10m/40m
炮点距/炮线距	20m/60m
束线距	80m/2 线
最大炮检距	645m
最大非纵距	250m
横纵比	0.42
道密度	120 万

结合邻区二维地质解释剖面和以往采空区情况的认识,建立地质模型(图5-52),根据地球物理参数,用确定的观测系统进行波动照明模拟放炮,进行地球物理模拟,通过对能量照明分析、模拟单炮分析和模拟剖面分析(图5-53),得到相应的单炮记录和模拟剖面。利用二维模型正演效果,分析反射波场特征及观测系统参数。

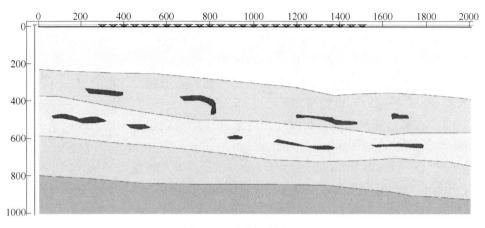

图 5-52　地质模型建立

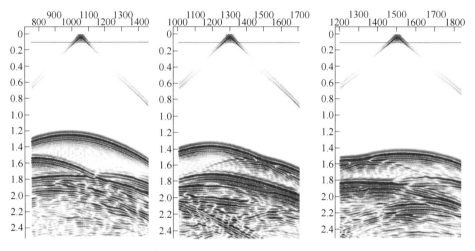

图 5-53　不同位置单炮模拟分析

　　利用设计观测系统参数进行多炮激发与叠加处理，从模拟剖面分析（图 5-54），采集信息丰富，叠加剖面绕射波丰富，能够对各空洞目标进行较好成像，特别清晰地接收到来自空洞的反射信息；从叠前偏移剖面分析，各空洞绕射信息都能较好收敛，采空区目标成像清楚，构造特征明显，叠加剖面能够对地球物理模型很好地成像。

　　从模拟单炮和模拟剖面中可以看出各个空洞目标得到很好的反射，模拟单炮和剖面比较理想，从模拟的叠加和偏移剖面记录（图 5-55）可以看出，采用 10m 道距、120 道接收，可以获得较好的采空区目标反射，验证了所选择的观测系统参数是比较合理的。

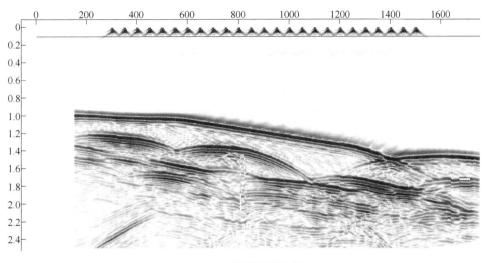

图 5-54　正演模拟叠加剖面

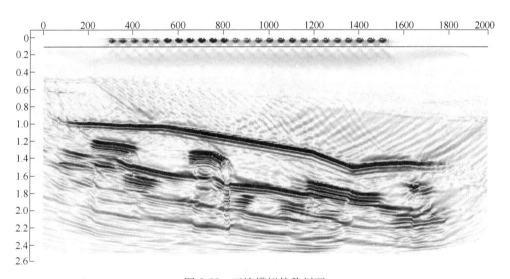

图 5-55　正演模拟偏移剖面

通过收集到的本工区层位数据建立地质模型，运用单炮照明分析、正演模拟叠加剖面和正演模拟偏移剖面等技术手段，选择的观测系统参数能够对采空区进行有效追踪，同时在复杂构造部位绕射等信息也较为丰富，能够完成地质任务，得到采空区地质成像。

对所采用的观测系统以及实际完成的炮检点布设，进行属性分析（图 5-56~图 5-63）。从属性分析来看，炮检距均匀性好，方位角宽，叠前偏移及速度分析属性较好。

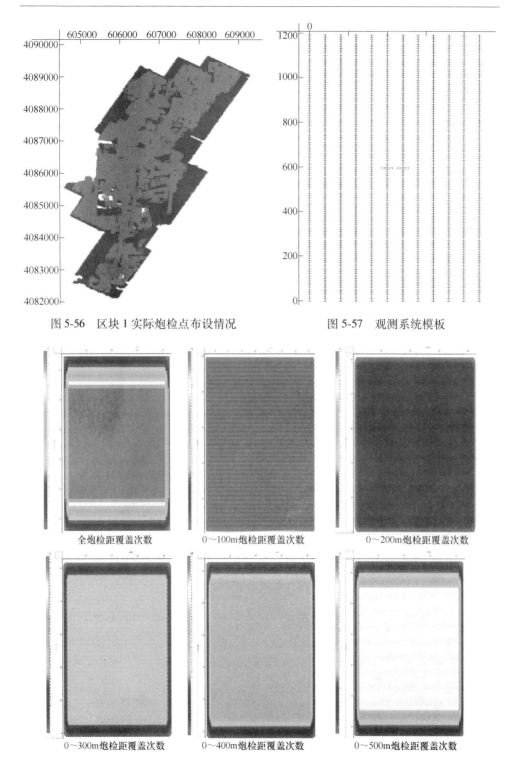

图 5-56　区块 1 实际炮检点布设情况　　　　　　图 5-57　观测系统模板

全炮检距覆盖次数　　　　　　0～100m炮检距覆盖次数　　　　　　0～200m炮检距覆盖次数

0～300m炮检距覆盖次数　　　　　　0～400m炮检距覆盖次数　　　　　　0～500m炮检距覆盖次数

0～600m炮检距覆盖次数

图 5-58　不同炮检距覆盖次数

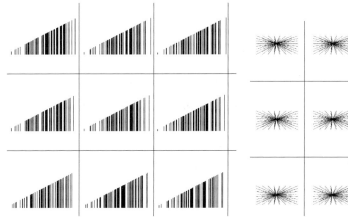

图 5-59　面元内炮检距分布

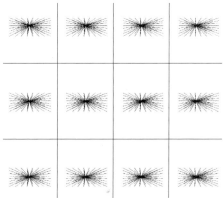

图 5-60　观测系统属性分析

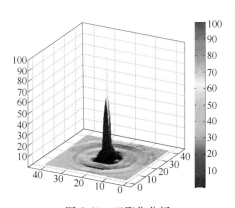

图 5-61　双聚焦分析

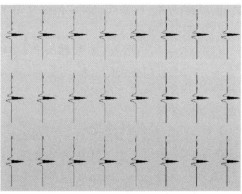

图 5-62　叠前偏移覆盖谱

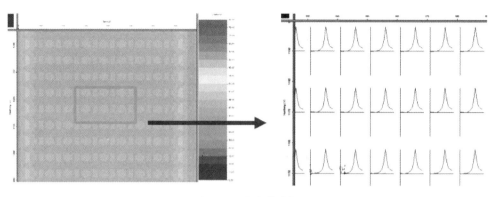

图 5-63　速度谱分析

5.3.2　地震地质解释

5.3.2.1　技术方案及技术流程

A　技术方案

在查阅了多年来国内外非煤矿采空区探测技术的相关文献及综合分析以往相关案例的基础上，结合研究区的地质特点及甲方的施工要求，在多种方案的优选下，优选了本次的技术方案。

本次拟采用的技术方案为，在对研究区地质研究及类比确定研究区岩石速度的基础上，通过正演模拟技术，分析研究区采空区的地震波场特征；然后对研究区的地震采集资料进行资料评估，分析其分辨率和信噪比，判断其探测精度及空洞识别结果的可靠性；利用采集的三维地震，通过层位解释、地震属性分析（RMS COH）等技术手段，识别出采空区及未填充固结区的平面分布，然后利用变速成图技术，实现采空区的深度转换，得到采空区的空间分布。最后借助地面钻探手段，对综合物探的解释结果进行钻孔验证，最终判断综合研究结果的可靠性。

具体技术方案如下：

（1）综合地质研究。本次研究首先进行研究区的地质勘查及以往钻孔的地层及岩性的调研和相关的分析，重点分析研究区的地层分布及埋藏、岩性特点及岩性分布。通过分析以往矿山的钻孔及巷道的分布，分析研究采空区的长度、大小和埋藏深度等。

（2）采集地震资料质量评估。通过扫描采集处理后的地震资料频谱和 S/N，分析其分辨率和信噪比，判断其平面探测精度及空洞识别结果的可靠性；通过对速度谱分析，研究其成像精度和多次被压制和消除情况，从而落实时深转换的精度，落实采空区的空间分布。

（3）三维地震资料精细解释及目标识别：

1）层位识别。因研究区有钻孔无测井资料，因此无法进行合成记录标定，所以对于地层的标定具有很大的难度，只能通过文献查阅、调研研究区及其他铁矿发育区岩性组合样式及岩石速度特征确定研究区岩石速度，从而进行合成记录标定。建立采空区、采空回填充分区及采空回填不充分区地质模型，通过正演模拟明确地震响应特征。

2）层位的高精度解释。对采集到的地震数据，利用3D解释软件，进行建库，对主要反射特征界面进行高精度的地震资料层位解释。

3）矿房的高精度解释。充分利用矿方提供资料，在合成记录标定的基础上，根据区域内的时深关系明确每个矿业公司每层标高矿房的发育位置，并开展高精度地震解释，为落实矿房的充填质量奠定基础。

4）采空区及未压实区空间分布。根据地震资料成像原理，明确采空区地震响应特征，通过采空区的精细解释，落实矿房的充填现状及采空区的空间分布。

（4）钻孔验证。最后，借助于地面钻探手段，对综合物探的解释结果进行钻孔验证，判断综合识别的效果。

B　技术流程

利用收集到的部分已知资料（钻孔资料、地质剖面资料等），从识别目的层反射波同相轴开始，进行层位追踪。同时根据以往工作经验，对采空区以及采空回填区在地震反射中的特征表现进行分析判别，从而确定采空区是否回填及回填质量情况。全部解释过程如图5-64所示。

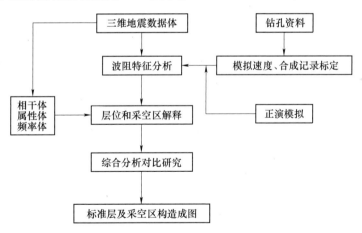

图5-64　地震解释流程示意图

5.3.2.2　三维地震高精度解释及目标识别

A　层位综合标定

因区内钻孔资料没有速度资料，地震处理获取到的叠加速度，因地层较浅，能量团分散，速度误差较大，无法用来进行时深转换。因此区内的时深转换主要是利用钻孔的岩性资料，利用周边地区公开的速度（或者密度转换得到的速度）进行时深转换（表5-5），因此存在一定的误差。

表5-5　铁矿及其围岩岩石物理参数统计

矿体埋深 /m	矿石参数			矿顶围岩			矿底围岩		
	岩性	密度 /g·cm⁻³	速度 /m·s⁻¹	岩性	密度 /g·cm⁻³	速度 /m·s⁻¹	岩性	密度 /g·cm⁻³	速度 /m·s⁻¹
254~654		4	8246	角砾岩、变余砂岩、大理岩等	2.84	3447	角砾岩、变余砂岩、大理岩等	2.84	3447
515	原生磁铁矿	4.1	8246	石灰岩、角砾岩		6639	灰岩	2.7	6486
240~306	原生磁铁矿	4.1	8246	变余砂岩及角砾岩、砂卡岩		5714	变余砂岩及角砾岩、砂卡岩		5714
105	原生磁铁矿	4.1	8246	砂卡岩，少量结晶灰岩和闪长岩	2.4	5298	砂卡岩，少量结晶灰岩和闪长岩	2.4	5298
245~290	原生磁铁矿	4.1	8246	角砾岩、闪长岩、石灰岩		3447	角砾、闪长岩、石灰岩		3447
120~410	砂卡岩型磁铁矿体		8246						
260~520	磁铁矿、赤铁矿及褐铁矿		8246	结晶灰岩	2.7	6639	砂卡岩、闪长岩		5298
170~488	磁铁矿	4.1	8246	结晶灰岩、大理岩为主	2.7	6639	砂卡岩、闪长岩		5298
240~570	原生磁铁矿	4.1	8246	结晶灰岩	2.7	6639	砂卡岩、闪长岩		5298
125~410	原生磁铁矿	4.1	8246	大理岩	2.7	6639	砂卡岩或闪长岩	2.7	5298
1230	原生磁铁矿	4.1	8246	大理岩（结晶灰岩）	2.7	6639	石闪长岩、砂卡岩		6250
175~380	原生磁铁矿	4.1	8246	透辉石砂卡岩、蚀变闪长岩		5298	透辉石砂卡岩和砂卡岩化闪长岩		5298

矿体埋深 /m	矿石参数			矿顶围岩			矿底围岩		
	岩性	密度 /g·cm^{-3}	速度 /m·s^{-1}	岩性	密度 /g·cm^{-3}	速度 /m·s^{-1}	岩性	密度 /g·cm^{-3}	速度 /m·s^{-1}
205	原生磁铁矿	4.1	8246	结晶灰岩、透辉石砂卡岩	2.7	6639	透辉石砂卡岩和砂卡岩化闪长岩		5298
90~150	磁铁矿、赤铁矿及褐铁矿		8246	结晶灰岩	2.7	6639	砂卡岩、闪长岩		5298

利用区内钻孔的分层及岩性分析资料，研究表明，区内第四系地层 10~170m，速度 400~1500m/s，而下覆基底奥陶系，速度 3000~6000m/s。上下两套的地层存在巨大的速度差，因此在正极性剖面上可以形成一强波峰。这一强界面，为研究区的标志性反射特征。

在第四系内部，由于速度差异，会出现凌乱的、不连续的地震同相轴。在基底碳酸岩内部，由于岩性的差异，速度差异变化比较快，3447m/s 升为原生磁铁矿的 8246m/s。由于岩层内部岩性厚度变化很快，并且地层倾斜，因此在火山岩内部，低频率的地震轴仅仅表征为大致的岩性的界面，而非地层界面。

由于原生磁铁矿速度很高，在铁矿较厚的地方，在地震上能有所体现，因此，可以利用这一特征，来识别铁矿，但由于地震分辨率较低，对于薄层铁矿的分辨存在一定的多解性。

因有钻孔无测井数据，无法进行合成记录标定，无法精确确定矿床发育位置及矿房在地震数据中所处位置。因此，通过文献查阅，确定研究区及相关铁矿发育区岩性组合样式及岩石速度。根据研究区钻孔岩性组合样式赋予不同岩性速度，并在此基础上拟合声波时差曲线（图 5-65），完成合成记录标定工作（图 5-66），明确研究区矿体及矿房发育位置。

B　层位的解释

对采集到的地震数据，利用 3D 解释软件，进行建库，对主要反射特征界面继续高精度的地震资料层位解释。本区的三维地震资料解释是以人工解释为基础、工作站人机联作解释为工具，由粗到细，由时间剖面到时间切片，由垂直、水平剖面到平面，由平面到立体的顺序逐步进行的。

a　人工解释与工作站解释相结合

三维地震资料的解释采用人工解释和工作站人机联作解释相结合的方法，由粗到细逐步进行。通过对主干剖面的解释，根据各主要反射波所对应的地质层位，确定采空区总体赋存形态及构造格局。而人机联作交互解释

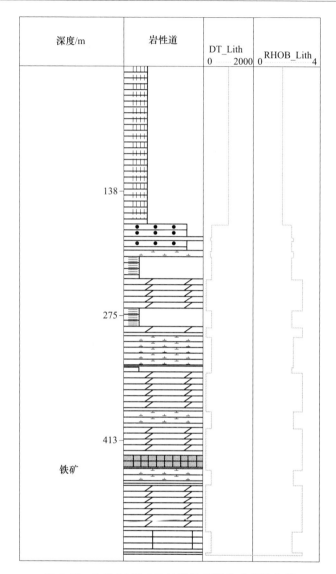

图 5-65　金鼎 25 线 242 钻孔柱子及生成声波曲线

系统可以充分地利用解释工作站的可视化解释和多种显示功能对三维数据体进行精细解释，从而更充分地运用数据体内丰富的地质信息，在三维空间内大大提高了各种地质现象的分辨能力，从而加强了对地质异常现象的地质解释，保障了地质解释的可靠性。

b　垂直剖面与水平切片解释相结合

利用垂直剖面的多种显示形式，有助于迅速掌握区内地层总体形态和构造发育规律，分析采空区赋存形态和断层空间分布规律。

shda36-1

In Line 371 371 371 371 371 371 371 371 371 371 371 371 371 371 371 371 371 371 371 371 371
Cross Line 116 121 126 131 136 141 146 151 156 161 166 171 176 181 186 191 196 201 206 211 216

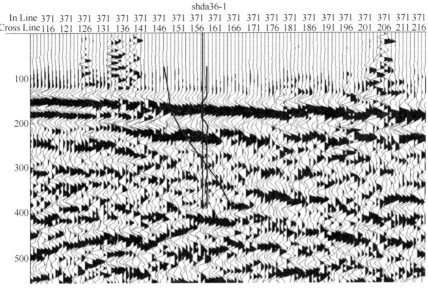

图 5-66 合成记录标定图

水平切片是地下不同层位信息在同一时间内的反映，相当于某一等时面的地质图。把水平切片与 X、Y 两个方向的垂直剖面结合起来，就能了解在三个正交面上地下某一深度处地层结构的立体特征。

C 矿房及采空区的高精度解释

a 矿房高精度地震解释

通过钻孔岩性组合特征赋予速度，生成声波曲线，完成合成记录标定。结合矿方提供的矿房展布资料，明确矿房发育位置，并开展精细的矿房地震解释（图5-67）。

In Line 607 607 606 606 605 605 604 604 603 602 601 598 597 593 588 583 578 574 569
Cross Line 521 516 511 506 501 496 491 486 482 480 477 476 471 469 466 464 461 460 459

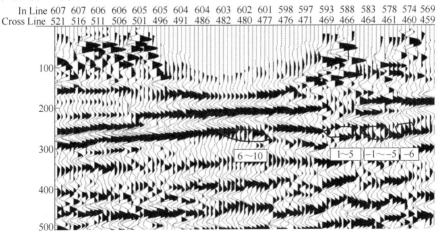

图 5-67 矿房解释地震剖面图

b　采空区地震特征分析

（1）采空未充填区：采空未充填区存在两个较大的速度差异界面，反射系数较大，如果采空区高度大，会出现两个强的地震同相轴。由于地震资料频率较低，而该矿房采空区垂向高度较小，不足一个地震波波长长度，导致两个反射系数会出现相互影响的现象，该采空区地震响应则表现为双轨弱反射或双轨较强反射（图5-68）。

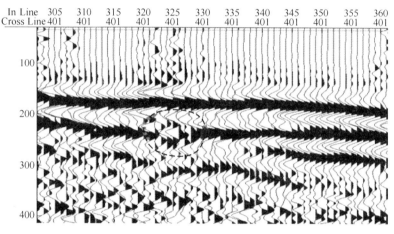

图 5-68　采空未充填区地震响应特征剖面图

（2）采空充填未接顶区：采空区充填未接顶，其上部存在采空低速区，导致较强地震同相轴出现，下部已经充填，速度差异较小，反射系数较小，导致出现弱反射或无反射（图5-69）。

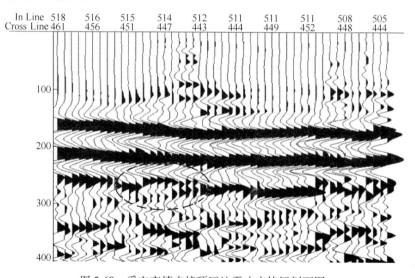

图 5-69　采空充填未接顶区地震响应特征剖面图

（3）采空充填区：采空区充填后，充填物与周边围岩的速度差异较小，反射系数同样较小，其地震响应与周边围岩的响应相似，因此保证了地震响应的横向连续性，常表现为单轨较强反射或单轨相对较弱反射（图 5-70）。

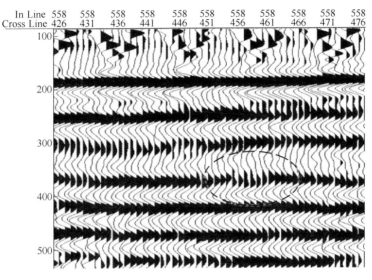

图 5-70　采空充填区地震响应特征剖面图

6 采空区激光扫描探测与三维建模

<<<<<<<<<<<<<<<<<<<<<<<<<<<<<<<<<<<<<<<<<<<<<<<<<<<<

6.1 高湿度条件下激光反射规律研究

水分子对红外线吸收是由于其结构中的羟基的伸缩振动和变角振动而产生的。其吸收波长随水分相互间或水分子和其他分子间所形成的氢键结合程度而变化，纸张中水分在红外线波段有四条吸收带，分别在 $1.18\mu m$、$1.4\mu m$、$1.94\mu m$ 和 $2.92\mu m$ 处。

日前，世界上使用的红外线水分仪都选用 $1.94\mu m$ 作为测波长。因为在这个波段中可用普通光学玻璃作为仪表中的光学元件，检测用的硫化铅光敏元件的探测峰值较接近这个波段范围，探测灵敏度较高，同时水分子对 $1.94\mu m$ 波段的吸收峰较大，而被测纸张中的纤维对 $1.8\sim2.0\mu m$ 波段无吸收峰，减小纤维对测量的影响。

水的光谱特征主要是由水本身的物质组成决定，同时又受到各种水状态的影响。地表较纯洁的自然水体对 $0.4\sim2.5\mu m$ 波段的电磁波吸收明显高于绝大多数其他地物。在光谱的可见光波段内，水体中的能量-物质相互作用比较复杂，光谱反射特性概括起来有以下特点：

（1）光谱反射特性可能包括来自三方面的贡献，即水的表面反射、水体底部物质的反射和水中悬浮物质的反射。

（2）光谱吸收和透射特性不仅与水体本身的性质有关，而且还明显地受到水中各种类型和大小的物质——有机物和无机物的影响。

（3）在光谱的近红外和中红外波段，水几乎吸收了其全部的能量，即纯净的自然水体在近红外波段更近似于一个"黑体"，因此，在 $1.1\sim2.5\mu m$ 波段，较纯净的自然水体的反射率很低，几乎趋近于零。

由此可见，为避免高湿环境对测量精度的影响，应尽量选择受其影响较小的红外工作波段。

6.1.1 岩石的光谱反射特征

岩石反射率显得很少有"峰和谷"的变化。这是因为影响岩石反射率的因素较少作用在固定的波段范围。影响岩石反射率的因素有含水量、岩石结构（砂、壤、黏土的比例）、表面粗糙度、铁氧化物的存在以及有机物的含量。

这些因素是复杂的、可变的、彼此相关的。例如，岩石的含水量会降低反射率。对于植被在大约 $1.4\mu m$、$1.9\mu m$ 和 $2.7\mu m$ 处水的吸收波段上，这种影响最为明显（黏土在 $1.4\mu m$ 和 $2.2\mu m$ 处也有氢氧基吸收带）。

岩石含水量与岩石结构密切相关：粗粒砂质岩石常常排水性好，因而含水量低，反射率相对高；反之，排水性不好的细粒结构岩石一般具有较低的反射率。然而，在缺水情况下，岩石自身会出现相反的趋势：粗粒结构岩石比细粒岩石看上去更深。所以，岩石的反射属性仅在特殊条件下才出现一致性。另外两个降低岩石反射率的因素是表面粗糙度和有机物的含量。在岩石中含有铁的氧化物也会明显降低反射率，至少在可见光波段如此。

6.1.2 水的光谱反射特征

考虑水的光谱反射率时，也许最明显的特征是在近红外及更长波波段的能量吸收问题。简单地说，不管我们说的是水体本身（如湖泊、河流）还是植被，岩石中含有的水都会吸收这一波段的能量。

当波长小于大约 $0.6\mu m$ 时，清澈的水只能吸收相对很少的能量，这些波长内的水具有高透射率的特点，其最大值在光谱的蓝绿区。但随着水的浑浊程度的变化（因水中含有有机物和无机物），会引起透射率继而反射率的急剧变化。例如，因岩石侵蚀而含有大量悬浮沉积物的水，其可见光的反射率一般比相同地区内的"洁净水"高得多。

实验的水体光谱数据图如图 6-1 和图 6-2 所示。

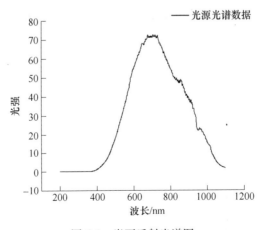

图 6-1 岩石反射光谱图

可见波段，红色到紫色，相应于波长由 $760 \sim 390nm$ 的区域，是为人眼所能感觉的可见部分。红色之外为波长更长的红外光，紫色之外则为波长更短的紫外光，都不能为肉眼所觉察，但能用仪器记录。

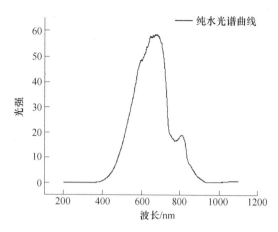

图 6-2　纯水的反射光谱图

6.1.3　激光漫反射特性

采空区激光三维扫描测距属于无合作目标的激光测距，被测目标的激光漫反射特性在一定程度上影响了接收系统接收到的光功率大小，从而影响测量范围和测距精度，因此，研究被测物表面的漫反射特性对计算接收到的漫反射功率是很重要的。

光线照射到物体表面会发生反射，反射又分为镜面反射和理想漫反射两种极端情况。当光线照射到光滑的表面上时，反射光定向反射出去，只有恰好逆着反射光的方向观测时才感到十分耀眼，这种反射称为镜面反射；而当光入射到粗糙的表面上时，反射光朝向各个方向，在各个方向观察时，感到没有什么差别，这种反射称为漫反射。

一个理想的漫反射面，是遵循朗伯余弦定律（图 6-3）。对于理想的漫反射体，其辐射亮度是一个与方向无关的常量，且其单位表面积向空间某方向单位立体角反射（发射）的辐射功率和该方向与表面法线夹角的余弦成正比。

$$I_\theta = I_0 \cos\theta \qquad (6-1)$$

式中，I_θ 为与辐射表面法线夹角为 θ 方向上的辐射强度；I_0 为辐射表面法线方向上的辐射强度。

在实际应用中，为了确定一个漫反射面接近理想朗伯面的程度，通常可以测量其辐射强度分布曲线。如果辐射强度分布曲线很接近图 6-3 所示的形状，就可以认为它是一个朗伯面。

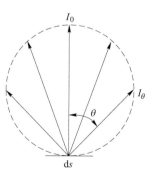

图 6-3　朗伯余弦定律示意图

虽然朗伯余弦定律是一个理想化的概念，但是实际遇到的漫反射源，在一定的范围角内都十分接近于朗伯余弦定律的辐射规律。大多数绝缘材料表面，在相对于表面法线方向的观察角不超过 60° 时，都遵守朗伯余弦定律。导电材料表面虽然有较大的差异，但在工程计算中，在相对于法线方向的观察角不超过 50° 时，也还能运用朗伯余弦定律。

如果被测目标可近似为朗伯体，那么当波长为 λ、功率为 P 的激光束入射到其上时，对被测目标的单位面元 $\mathrm{d}s$ 而言（设其反射率为 ρ_λ），向半球空间反射的全部功率 P 为：

$$p = \rho_\lambda P \mathrm{d}s \tag{6-2}$$

则可以得到与法线夹角为 θ 的方向上的反射的光强度为：

$$I_\theta = \frac{P'}{\pi} \cdot \cos\theta \tag{6-3}$$

则经被测目标被照亮区域的单位面元 $\mathrm{d}s$ 反射进入与法线夹角为 θ 的方向上的立体角 $\mathrm{d}\Omega$ 内的光功率为：

$$p'_\theta = I_\theta \cdot \mathrm{d}\Omega \mathrm{d}s = \frac{\rho_\lambda \cdot P}{\pi} \cos\theta \mathrm{d}\Omega \mathrm{d}s \tag{6-4}$$

因此，当被测目标可近似为朗伯体时，则我们可以按照上式计算光功率。

6.2 采空区激光扫描点云误差影响因素分析

激光探测是获取地下矿山空区空间形态的重要手段。准确的空区探测数据是开采设计、安全监管的重要基础，直接关系到空区周边残矿体及相邻盘区矿体的开采安全。国内许多矿山，如冬瓜山铜矿、凡口铅锌矿等，使用激光探测设备对采空区进行探测，为后续的回采设计、地压控制等提供精确基础性资料。但是，在实际的探测中，获取的激光点云数据往往存在误差，如遇到探测盲区时，只能获取部分采空区边界信息；在探测环境恶劣的情况下，如高温、高湿、多粉尘等，会产生大量的失落信息和距离失真点；以及设备初始化不成功时，导致点云团有水平倾斜或侧向倾斜。这些情况都会导致空间信息建模失真，给后续三维建模和数值分析造成不良影响。

目前，有一些学者对激光设备在城市规划、航天航空等领域的应用误差进行了研究，但是针对在矿业领域应用时的误差控制研究较少，特别是激光精密设备在矿业工程中使用时，探测对象形态复杂，往往在高温、潮湿、多粉尘等恶劣的环境下的工作，因此亟需开展关于探测结果分析和校正方面的研究。

本文通过对 6 个矿山（安庆铜矿、高峰矿、铜坑矿、凡口铅锌矿、冬瓜山铜矿和柿竹园多金属矿）的 173 份采空区激光扫描探测数据特征分析。确定了采空区激光探测的主要误差，以及各种误差主要影响因素及其主次关系，对误差环境影响因素进行回归分析，研究确定影响因素与坏点数之间的相关函数关系式。

6.2.1　关键误差分析

空区激光探测设备如 FARO、CMS、S-CAL 等，测量距离一般都在 500m 以内，精度在 2mm 左右，在正常的工作条件下探测结果完全能满足工程设计要求，但是在井下复杂的作业环境中，获取的结果往往需要进行修正才能用于后续设计中。复杂形态采空区探测情况如图 6-4 所示。

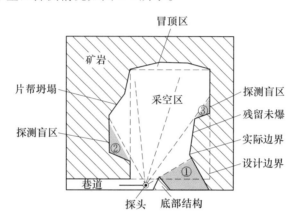

图 6-4　复杂形态采空区探测示意图

在现场探测时，影响探测效果的因素很多，包括设备的不稳定性、环境的影响及因素彼此间相互作用。为了对误差进行控制，需要对主要误差进行分类，对每种误差对应的影响因素进行分析识别，确定误差与影响因素之间的相关性，为下一步误差修正提供依据，达到提高探测精度的目的。

探测过程中存在的各种影响因素，直接导致探测过程的不确定性和结果的失真。实际操作中，难以对每个影响因素都进行控制；另一方面，不是所有的因素都会对探测结果产生重大影响，因此，首先需要分析对探测精度产生影响的关键误差，然后识别影响这些关键误差的因素及主次关系，达到规避不利因素，提高探测精度的目的。

使用 CMS 探测仪获得了冬瓜山铜矿、安庆铜矿、郴州柿竹园矿、广东凡口矿和广西铜坑矿等矿山的 173 份采空区激光扫描探测数据，部分数据见表 6-1，涵盖了 -800～-100m 标高，不同的温度、湿度和粉尘条件，为了动态监测空区的边界变化，还对部分空区在不同时间进行了多次探测。

表 6-1 采空区激光探测样本（部分）

序号	空区名称	距离反常点/个	失落信息点/个	相对湿度/%	粉尘浓度/mg·m⁻³	温度/℃
1	52-2	20	15	72.3	0.61	27.9
2	52-6（52）	11	8	79.5	0.73	29.3
3	52-6（54）	2	3	80.9	0.82	30.4
4	52-6（sy）	0	1	92.5	0.41	30.6
5	52-8（52）	3	5	91.7	0.94	29.7
6	52-8（54）	17	9	94.6	0.73	26.8
7	52-10	6	11	89.7	1.02	31.4
8	54-6	1	2	95.2	1.26	30.2
9	52-10	7	10	96.3	0.87	33.1
10	54-8	11	7	88.3	1.21	29.3
11	54-10	20	25	72.3	0.61	27.9
12	390-19	4	3	79.5	0.73	29.3
13	390-25	14	13	80.9	0.82	30.4
14	430-29	3	0	72.3	0.61	27.9
15	52-2	4	7	79.5	0.73	29.3
16	54-12	37	50	80.9	0.82	30.4
17	390-19	207	1697	96.3	1.26	30.2
18	390-25	205	396	95.2	1.02	27.9
19	430-29	274	6310	98.3	1.35	29.3
20	54-14	0	0	80.9	0.82	30.4
21	54-14-1	0	0	72.3	0.61	30.6
22	54-2	10	6	80.9	0.82	29.7
23	54-6	9	2	92.5	0.41	26.8
24	54-16	22	25	91.7	0.94	31.4
25	123c	37	396	94.6	0.93	30.2
26	52-14	6	8	88.3	0.81	33.1
27	52-16	39	90	72.3	1.18	29.3
28	54-6-2	15	8	79.5	0.73	27.9
29	56-2	3	9	80.9	0.82	29.3
30	56-2-2	5	1	72.3	0.61	30.4
31	56-6	82	189	93.4	0.73	27.9
32	56-6-1	14	6	96.3	0.87	29.3

序号	空区名称	距离反常点 /个	失落信息点 /个	相对湿度 /%	粉尘浓度 /mg·m⁻³	温度 /℃
33	56-8-1	5	2	88.3	1.21	30.4
34	56-8-2	5	2	72.3	0.61	30.2
35	52-9	3	11	79.5	0.73	27.9
36	52-18	12	2	80.9	0.82	29.3
37	56-6-2	10	9	91.7	0.94	30.4
38	56-8-3	5	3	94.6	0.73	30.6
39	52-2d	410	619	96.7	1.02	29.7
40	52-4	7	2	95.2	1.26	26.8
41	50-2	12	8	96.3	0.87	31.4
42	50-6	8	3	88.3	1.21	30.2
43	56-6-4	34	15	72.3	0.61	33.1
44	56-8-3	5	2	72.3	0.61	29.3
45	50-8	7	11	79.5	0.73	27.9
46	50-10	0	0	80.9	0.82	29.3
47	390mzd	299	2294	92.5	1.41	30.4
48	390mzd1	2	4	91.7	0.94	27.9
49	56-12	7	2	94.6	0.73	29.3
50	56-14	27	6	89.7	1.02	30.4
51	50-14	15	13	95.2	1.26	30.2
52	50-16	9	19	96.3	0.87	27.9
53	54-9	139	323	88.3	1.21	29.3
54	54-11	4	7	72.3	0.61	30.4
55	54-4	54	64	79.5	0.73	30.6
56	54-11	4	6	80.9	0.82	29.7
57	54-13	16	4	72.3	0.61	26.8
58	58-2	5	4	79.5	0.73	31.4
59	-114	5	0	80.9	0.82	30.2
60	-124	0	0	92.5	0.41	33.1
61	-132	1	1	91.7	0.94	29.3
62	-145	46	51	94.6	0.73	27.9
63	460-9p	216	930	89.7	1.02	29.3
64	560-7p	8	6	95.2	1.26	30.4

续表6-1

序号	空区名称	距离反常点/个	失落信息点/个	相对湿度/%	粉尘浓度/mg·m⁻³	温度/℃
65	1	6	8	96.3	0.87	27.9
66	2	359	2566	98.3	1.21	29.3
67	3	1	0	72.3	0.61	30.4
68	4	3	1	79.5	0.73	30.2
69	5	6	20	80.9	0.82	29.3
70	6	16	14	89.7	1.02	27.9
71	7	2	1	95.2	1.26	29.3
72	8	5	5	96.3	0.87	30.4
73	9	1	1	88.3	1.21	30.6
74	10	3	4	72.3	0.61	29.7
75	11	7	3	96.3	0.87	26.8
76	12	105	116	88.3	1.21	31.4
77	13	1	1	72.3	0.61	30.2
78	14	4	5	79.5	0.73	33.1
79	15	129	236	80.9	1.82	29.3
80	16-360	393	1670	98.3	1.15	27.9
81	16-214	9	33	95.2	1.26	29.3
82	17	10	30	96.3	0.87	30.4
83	18	1	1	88.3	1.21	27.9
84	19	17	6	72.3	0.61	29.3
85	20	0	0	88.3	1.21	30.4

空区探测数据中3大类、5种常见的误差是:

(1) 因遮挡导致的探测盲区。单次激光探测复杂边界采空区,激光束会因为空区边界的遮挡,而产生探测盲区(图6-5)。

(2) 距离反常点和无距离点。激光源发出激光束,经过大气传播后与岩壁发生反射作用,反射回的激光束再经大气传播被接收机接收,这个过程中,探

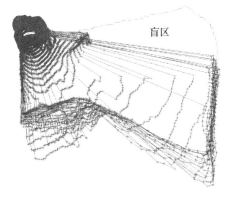

图6-5 采空区探测盲区示意图

测区域、目标反射率、探测距离、空气湿度、粉尘浓度和大气湍流等因素的影响，导致无回波信号或回波信号低于探测阈值，属于漏报，即失落信息；或者回波信号中噪声信号高于探测阈值（弱回波信号与强的噪声信号同时出现），属于虚报，即距离反常点，图6-6所示为铜坑矿某空区探测坏点图。

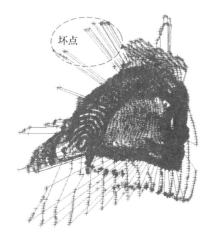

图6-6　采空区探测坏点示意图

（3）点云团的水平倾斜和侧向倾斜如图6-7和图6-8所示。

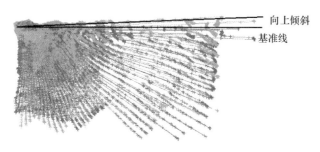

图6-7　探测水平倾斜示意图

图6-8　探测侧向倾斜示意图

统计173个激光点云中误差数据，每种误差出现概率统计结果见表6-2。

表 6-2 误差概率统计

误差类型	距离反常点	无距离点	水平倾斜	侧向倾斜	探测盲区
概率	0.962	0.963	0.761	0.104	0.034

由此可见，空区探测中主要误差体现在距离反常点、无距离点和模型的水平倾斜这三种类型上，其中，距离反常点和无距离点称为激光扫描点云数据中的坏点，由此，确定两类关键误差为坏点和点云团水平倾角误差。

6.2.2 影响因素实证分析

冬瓜山铜矿是国内埋藏较深的特大型矿山，井下环境条件复杂，从 2006 年开始，连续对其开采后的空区进行探测，探测结果具有较强的典型性。探测过程中，主要有十种影响因素：温度、湿度、粉尘浓度、支撑杆倾角、扫描头倾角、扫描头旋转角、信噪比、目标反射率、设备可靠性、人为因素。空区探测中，以十种影响因素构成向量 P，记作 $P = [p_{i1}, p_{i2}, \cdots, p_{i10}]^T$。

6.2.2.1 相关性分析方法

探测过程中误差影响因素主要来源于：（1）设备误差：扫描电机非均匀转动导致角速度测量上产生角度误差，谐振光路的折射系数的各向异性，扫描头水平调零不到位，氦氖等离子在激光管中的流动、介质扩散的各向异性等带来的扫描点的漂移；扫描头旋转角误差，激光介质的自发射及机械抖动带来的点噪声。（2）环境影响，包括温度、湿度、粉尘浓度等，如激光碰到水珠和悬浮颗粒会产生偏离传输方向的现象；障碍物对激光扫描线的遮挡；水对激光的吸收作用，把激光的光子能量转化为化学势能、热动能等，导致激光衰减较大。

以点云数据中坏点这个关键误差为例，基于灰色关联分析法，对使用 CMS 探测仪获取的空区数据进行分析，步骤如下：

（1）对 m 组数据进行分析，构建坏点这个关键误差 $g_{i(m)}$ 的特征因素矩阵 P，假设初始矩阵为：

$$P = \begin{bmatrix} p_{11} & \cdots & p_{1i} & \cdots & p_{1m} \\ \vdots & \vdots & \vdots & & \vdots \\ p_{i1} & \cdots & p_{ii} & \cdots & p_{im} \\ \vdots & \vdots & \vdots & & \vdots \\ p_{n1} & \cdots & p_{ni} & \cdots & p_{nm} \end{bmatrix}_{n \times m} \tag{6-5}$$

式中，n 为对关键误差 $g_{i(m)}$ 的影响因素的个数；m 为样本数；p_{nm} 为每次实测数据中对应参数。

（2）对历史数据进行量化分析，通过初始化，转化成数量级相当的无量纲数据，$P_{ij}(i=1, 2, \cdots, n; j=1, 2, \cdots, m)$ 为比较序列，$P_{1j}(j=1, 2, \cdots, m)$ 为参考序列，根据 CMS 用户手册中标准值确定，计算公式如下所示：

$$P' = \frac{P_{ij}}{P_{1j}} \tag{6-6}$$

（3）求差序列：

$$\Delta i(k) = |x_0(k) - x_i(k)|, \quad k = 0, 1, 2, \cdots, q \tag{6-7}$$

（4）求两级最大差和最小差：

$$M = \max_i [\max_k \Delta i(k)], \quad N = \min_i [\min_k \Delta i(k)] \tag{6-8}$$

（5）求关联数：

$$\varepsilon_{0i}(k) = \frac{N + \theta M}{\Delta_i(k) + \theta M}, \quad \theta \in (0, 1) \tag{6-9}$$

（6）求关联度：

$$\varepsilon_{0i} = \frac{1}{q} \sum_{k=1}^{q} \varepsilon_{0i}(k) \tag{6-10}$$

同理，可以确定其他空区探测精度关键误差与其对应的影响因素及其关联度。

6.2.2.2　分析结果

A　坏点影响因素分析

采用50组数据来分析粉尘浓度、湿度、温度、信噪比和目标反射率等五个因素与采空区探测坏点（包括距离反常点和无距离点）之间的关系，限于篇幅，表6-3所示为其中的10组数据。

表6-3　部分因素对坏点的影响

序号	温度/℃	湿度/%	粉尘浓度/mg·m⁻³	信噪比	目标反射率/%	坏点数/个
1	27.9	72.3	0.61	10^3	31	12
2	29.3	79.5	0.73	10^3	31	24
3	30.4	80.9	0.82	10^3	31	31
4	30.6	92.5	0.41	10^3	27	20
5	29.7	91.7	0.94	10^3	29	36
6	26.8	94.6	0.73	10^3	27	32
7	31.4	89.7	1.02	10^3	29	53
8	30.2	95.2	1.26	10^3	28	64
9	33.1	96.3	0.87	10^3	27	37
10	29.3	88.3	1.21	10^3	29	59

对坏点这五个影响因素进行灰色关联分析，结果见表6-4。

表 6-4　噪声影响因素关联度计算结果

因素	相关性	相关系数	排序
r_1（温度）	$r(x_0,\ x_6)$	0.288	3
r_2（湿度）	$r(x_0,\ x_2)$	0.541	2
r_3（粉尘浓度）	$r(x_0,\ x_3)$	0.934	1
r_4（信噪比）	$r(x_0,\ x_4)$	0.000	5
r_5（目标反射率）	$r(x_0,\ x_5)$	0.279	4

表明对坏点的影响因素关联度排序为：粉尘浓度>湿度>温度>目标放射率>信噪比，影响坏点的关键因素为粉尘浓度、湿度和温度三个因素，而后两者是次要因素。

B　倾角影响因素分析

采用50组数据来分析支撑杆倾角、扫描头倾角、扫描头旋转角三个因素与模型水平倾角误差之间的关系，限于篇幅，表6-5所示为其中的10组数据。

表 6-5　部分因素对模型倾角的影响

序号	支撑杆倾角 /(°)	扫描头倾角 /(°)	扫描头旋转角/(°)	模型倾角测量值/(°)	模型倾角实际值/(°)	水平倾角误差值
1	10.1	14.1	140	27.74	25.975	1.765
2	14.8	16.7	140	19.53	16.53	3
3	6.6	7.3	140	12.61	11.806	0.804
4	1.7	2.1	140	3.58	2.932	0.648
5	8.6	10.4	140	11.311	10.014	1.297
6	15.8	18.9	140	10.7	7.193	3.507
7	13.3	15.3	140	7.58	5.228	2.352
8	11.4	17.6	140	5.768	2.441	3.327
9	5.1	3.9	140	6.82	5.52	1.3
10	11.9	14.7	140	5.77	3.273	2.497

对模型水平倾角的三个影响因素进行灰色关联分析，结果见表6-6。

表 6-6　模型倾角各因素关联度计算结果

因素	关联度	相关系数	排序
r_1（支撑杆倾角）	$r(x_0,\ x_1)$	0.893	2
r_2（扫描头倾角）	$r(x_0,\ x_2)$	0.971	1
r_3（扫描头旋转角）	$r(x_0,\ x_3)$	0.005	3

表明对模型倾角的影响力排序为：扫描头倾角>支撑杆倾角>扫描头旋转角。其中主要是扫描头倾角的影响较大，特别是当扫描头的自动调水平功能产生偏差时，会放大扫描线远端点的误差。

6.2.3　误差环境影响因素回归分析

激光测距关键在于激光扫描头到目标点距离的准确测定，即获取每个目标点到扫描头的精确距离就可以得到整个观察场景的整体三维边界形态。

基于表 6-1 中的样本数据，利用 MATLAB 7.0 对粉尘浓度、湿度和温度三个影响因素进行定量分析。

粉尘浓度对坏点数的影响如图 6-9 所示。

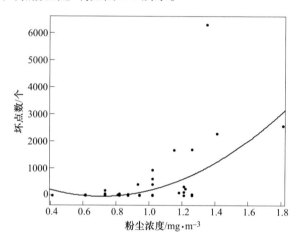

图 6-9　粉尘浓度与坏点数的关系

两者函数关系如下：

$$f(x) = p_1 \times x^3 + p_2 \times x^2 + p_3 \times x + p_4 \tag{6-11}$$

系数（95%置信范围）：

$$p_1 = -4.007(-3232, 3224)$$

$$p_2 = 2586(-7816, 1.299 \times 10^4)$$

$$p_3 = -3660(-1.431 \times 10^4, 6987)$$

$$p_4 = 1254(-2197, 4704)$$

由上述函数关系和图可以看出，当粉尘浓度小于 1.2mg/m³，坏点数增加不明显，当超过 1.2mg/m³ 时，坏点数显著增加。因此，要确保探测效果，一定要加强通风，确保粉尘浓度小于 1.2mg/m³。

湿度对坏点数的影响如图 6-10 所示。

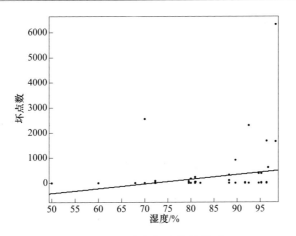

图 6-10 湿度与坏点数的关系

两者函数关系如下：

$$f(x) = p_1 \times x + p_2 \tag{6-12}$$

系数（95%置信范围）：

$$p_1 = 18.51(1.038, 35.99)$$

$$p_2 = -1326(-2793, 140.7)$$

由上述函数关系式可见，湿度与坏点数间存在强线性关系，湿度越大，坏点越多。因此，要确保探测效果，一定要选择合适的湿度条件。

温度对坏点数的影响如图 6-11 所示。

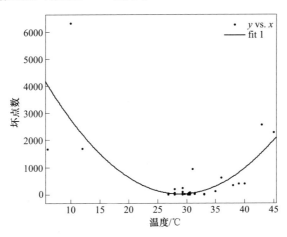

图 6-11 温度与坏点数的关系

两者函数关系如下：

$$f(x) = p_1 \times x^2 + p_2 \times x + p_3 \tag{6-13}$$

系数（95%置信范围）：

$$p_1 = 7.701(6.23, 9.171)$$

$$p_2 = -445(-523.4, -366.7)$$

$$p_3 = 6444(5329, 7558)$$

由上述函数关系式可见，合适的温度区间，对探测效果影响较大，当温度在25~35℃间时，坏点数较少。

6.3　复杂采空区多点扫描点云数据拼接与精简方法研究

对地下矿山采空区激光探测而言，地压活动频繁造成空区形状奇异，在工程应用上，受到探测环境、物体形态等条件的制约，需要对采空区进行多次探测，多次获取点云数据拼接出采空区准确、全面的边界信息，拼接后的数据冗余，需要进行精简，才便于数据保存和后处理，然后进行高效、精确的三维建模，目前针对复杂采空区激光多点探测及所获点云数据拼接和精简的研究较少，是目前矿山空区灾变监控研究中亟需解决的一个问题。本章基于多点探测获取点云数据，根据点云的分布规律，研究复杂采空区多点探测及点云数据的拼接和精简。

6.3.1　复杂采空区多点探测

采空区需要多点探测主要是空区形态复杂和探测精度的要求。许多采空区由于爆破设计、暴露时间长或者地压扰动等原因，形态发生变化，形成如"品"字等复杂形状，造成一次探测不能覆盖全部边界，留有"盲区"，因此需要选择多个探测点进行多次探测。

6.3.1.1　复杂采空区边界探测"盲区"

对边界形状复杂的采空区，单次探测激光线被遮挡，会形成部分探测"盲区"，使得边界探测不完整，因此需要在不同位置探测多次才能获得空区的全部边界数据，如图6-12所示。

地下采空区的探测，由于工程环境制约，设备一般自带靶标，以CMS设备为例，其拥有一套多节可拆装连接杆，扫描头与连接杆A相连，如图6-13所示。CMS探测获取的边界点坐标是对比扫描头中心点的相对坐标。扫描头坐标由靶标1、2确定，距离扫描头中心点0.25m处设置靶标1，连接杆后部设置靶标2，两个靶标坐标通过全站仪精确测定，由此来确定扫描头坐标，通过换算就可以获得空区边界探测点的实际坐标。

扫描头抬升范围0°~140°，从0°开始，每次抬高固定的角度（如2°）后，扫描一圈（360°），形成一个轨迹点圈，因为扫描头架设在空区边缘，造成靠近

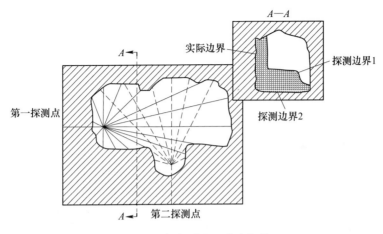

图 6-12　复杂采空区多点扫描

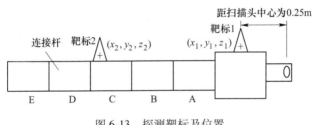

图 6-13　探测靶标及位置

扫描头位置一端的空区边界轨迹点密集，远离扫描头一端的空区边界轨迹点稀疏，如图 6-14 所示。

　　设在不同位置探测获得的两点云数据集 A、B，其中，$P_i(x, y, z) \in A$，$Q_i(x, y, z) \in B$，P_i 和 Q_i 是同一采空区在不同位置探测获取的点云数据，将点云数据进行拼接，获取采空区完整精确的边界信息。

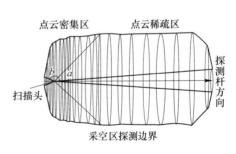

图 6-14　探测轨迹线分布

6.3.1.2　点云分布规律

　　当扫描头抬高相同的角度，如 5°，在采空区岩壁上反射回的轨迹点间距离有以下规律：空区水平方向距离越远，扫描头远端的扫描轨迹线间距越大，空区高度越高，扫描线圈内点间距越大，如图 6-15 所示，抬高同样角度时，间距 d_5 远大于 d_1，点云稀疏主要因为线圈与线圈间距太大。

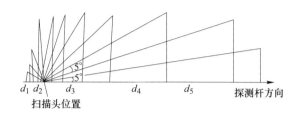

图 6-15　扫描线间距

图 6-16 所示为对某矿山 52-4 空区分别在两端进行激光探测，获取的激光点云，可以明显看出点云分布疏密。

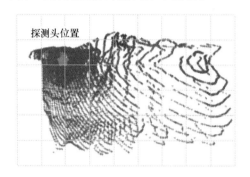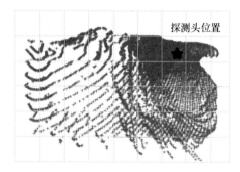

图 6-16　点云疏密分布图

点云密集区主要集中在扫描头附近，由扫描头抬升角度决定，通过分析大量探测数据，可以统计出密集区分布规律，其中 20 个空区数据见表 6-7。

表 6-7　密集区统计表

序号	空区名称	总点数	单位面积点数 /个·m⁻²	密集区角度范围 /(°)	密集区单位面积点数 /个·m⁻²	面积比/%
1	52-2	16321	0.31	78~140	5.8	29.5
2	52-4	16935	0.53	75~140	4.5	27.4
3	52-6	24163	0.62	82~140	4.5	34.6
4	52-8	24023	0.73	78~140	4.9	31.8
5	52-10	24329	0.65	80~140	4.2	35.8
6	54-2	16024	0.49	80~140	5.1	30.7
7	54-4	16004	0.51	78~140	4.7	30.6
8	54-6	24082	0.78	82~140	4.6	34.2
9	54-8	16058	0.54	81~140	5.2	28.6
10	54-10	24921	0.82	78~140	4.3	32.5
11	56-2	16123	0.39	78~140	5.1	29.7

续表6-7

序号	空区名称	总点数	单位面积点数 /个·m⁻²	密集区角度范围 /(°)	密集区单位面积点数 /个·m⁻²	面积比/%
12	56-4	15641	0.51	81~140	4.8	33.5
13	56-6	15942	0.39	81~140	5.1	28.7
14	56-8	16031	0.48	81~140	5.2	31.6
15	56-10	24083	0.84	80~140	6.3	28.6
16	58-2	23971	0.79	81~140	6.1	33.1
17	58-4	16321	0.51	81~140	4.7	30.8
18	50-2	16049	0.47	78~140	4.3	29.4
19	50-6	16021	0.49	78~140	5.1	33.1
20	50-8	24106	0.91	80~140	6.7	29.7

大量工程探测数据统计表明：扫描头以2°抬升时，总点数约24100个，密集区扫描头抬升角度范围是80°~140°，扫描头以3°为单位抬升时，总点数约为15600个，密集区扫描头抬升角度范围是81°~140°。

6.3.2 有序点云精简

据统计，每一个轨迹线圈约有340个点，当轨迹（圆）圈周长小时，点云密集；当轨迹（圆）圈周长大时，点云相对稀疏。而对小圆圈而言，可以精简部分点的同时，不影响圆圈边界的形状，如图6-17所示，删除80%的点后，仍然可以保证原轨迹圈的周长和面积。

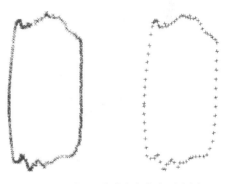

图6-17 轨迹圈删除多余点示意图

对有序点云，需要精简的数据点与其他点相比有以下明显几何特征：与前后两点的距离小于其他不需要精简点的距离；与前后两点形成的夹角比圈内其他点连线的夹角大（即形成平面时曲率变化较小）等。常用的点云数据精简方法有最小距离法、平均距离法等。最小距离法是设定一个最小距离作为阈值，当两点之间的距离小于阈值时删除该点，这种方法虽然能够对数据密集的区域进行处理，但是不能很好地保留空区边界的具体形态；平均距离法是计算出扫描轨迹线两点之间的平均距离 d，当两点之间的距离小于 d 时，删除该点，这种方法对于点云数据最为密集的区域是不适用的，不能有效地对数据进行精简。

基于点云扫描轨迹线上点与点之间的拓扑关系，和二阶几何连续性的要求，提出数据精简复合判据：最小弦长判据—最大弦夹角判据，数据点符合该判据时，确定为需精简的数据点，将被删除。

6.3.2.1　最小弦长判据

距离精简算法的基本思路是：在扫描圈上三个相邻点点 p_i 及前后两点 p_{i-1} 和 p_{i+1}，p_i 与前后两点的连线形成的边 $p_{i-1}p_i$ 与边 p_ip_{i+1}，寻找弦长小于阈值（ε_1）的点 p_i，阈值根据空区的具体形态和工程精度要求确定，图 6-18 为轨迹线中紧邻三点之间的距离示意图。

图 6-18　轨迹线中紧邻三点之间的距离

两点间弦长：

$$d = \sqrt{(x_1 - x_2)^2 + (y_1 - y_2)^2 + (z_1 - z_2)^2} \qquad (6\text{-}14)$$

式（6-14）中，A 点坐标为 (x_1, y_1, z_1)，B 点的坐标为 (x_2, y_2, z_2)；设 AB 的距离为 d_1，AC 的距离为 d_2，若 d_1，d_2 都小于阈值 ε_1，证明 A 点需要精简掉，且不会影响后续点的判断。

6.3.2.2　最大弦夹角判据

设点 p_i 及前后两点 p_{i-1} 和 p_{i+1}，计算检查点边 p_{i-1} p_i 和边 p_ip_{i+1} 形成的夹角 θ（图 6-19），如果 $\theta \geq \varepsilon_2$（$\varepsilon_2$ 为阈值，根据空区的具体形态和工程精度要求确定），则认为 p_i 点需要精简。

计算公式如下：三角形（A，B，C），设向量 $A = b-a$，向量 $C = c-a$，又：

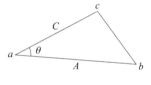

图 6-19　角 θ

$$\cos\theta = \frac{AC}{|A||C|} = \frac{A_xC_x + A_yC_y + A_zC_z}{\sqrt{A_x^2 + A_y^2 + A_z^2}\sqrt{C_x^2 + C_y^2 + C_z^2}} \qquad (6\text{-}15)$$

由式（6-15）可以得到每个点以紧邻两点连线形成的夹角，与阈值比较，确定是否满足精简条件。

6.3.2.3　阈值选择

阈值的确定需根据采空区的具体形态和工程精度要求来确定，因此点云精简过程是激光探测—设定阈值—精简—实测对比—调整阈值—再精简的过程，选择流程如图 6-20 所示。

6.3.2.4　算法实现步骤

算法实现步骤为：

（1）读取 XYZ 数据文件，将点的空间信息存入到数据容器中，其空间信息包含空区边界点的 x、y、z 坐标值以及该点所在的圈数。

（2）定义初始圈（一般按照扫描圈的第一圈作为初始圈）。

（3）假设存在边 L_1，为在第 i 圈 j 点和第 i 圈 $j-1$ 点连线，假设存在边 L_2，为在第 i 圈 j 点和第 i 圈 $j+1$ 点连线，L_1 和 L_2 形成的夹角为 θ_1。

（4）按照距离的原则，通过计算和比较连点之间连线的距离，距离越小则说明数据点越密集。如果 $L_1 > \varepsilon_1$ 时，确定第 i 圈 j 点符合距离判据。

（5）计算第 i 圈 j 点、$j-1$ 点和 $j+1$ 点连线的夹角，如果 $\theta_1 > \varepsilon_2$ 时，确定第 i 圈 j 点符合角度判据。

（6）在点集中删除第 j 点。

（7）完成每个圈上的每个点的判断。

（8）将精简后形成的新点云数据集存入数据容器中。

采用上述的方法实现精简算法的流程如图 6-21 所示。

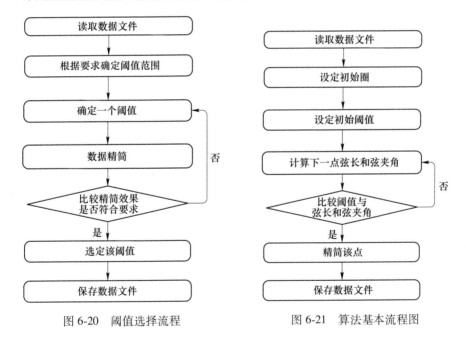

图 6-20 阈值选择流程   图 6-21 算法基本流程图

6.3.3 多点扫描数据拼接

数据拼接目的是通过合并不同位置多次扫描的数据来消除探测"盲区"，加密轨迹线的稀疏区域，获取精确的边界三维信息。多点扫描数据的拼接，关键在于参考点或者参考坐标的选定和获取，地下矿山采空区激光探测时，自然参照物较少，一般通过探测设备自带的靶标来作参考，探测位置和靶标以及探测结果多点拼接如图 6-22 所示。

靶标位置由高精度全站仪测定，边界点的坐标由扫描头位置、空间距离和扫描头旋转角三者确定，拼接算法如下：

将每次探测到的采空区数据都变换到同一参考坐标系下，然后将所有变换后的数据整合到一个数据文件中，实现多点探测数据的拼接。

设数据点 P 原始坐标 (x_i, y_i, z_i)，对应的参考坐标系下坐标为 (x_i', y_i', z_i')，转换关系式如下：

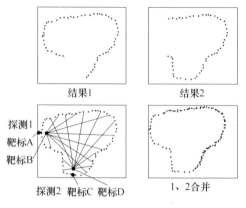

图 6-22　多点拼接示意图

$$\begin{bmatrix} x_i' \\ y_i' \\ z_i' \end{bmatrix} = R(\omega, \varepsilon, \varphi) \begin{bmatrix} x_i \\ y_i \\ z_i \end{bmatrix} + \begin{bmatrix} X_t \\ Y_t \\ Z_t \end{bmatrix} \tag{6-16}$$

式中，$R(\omega, \varepsilon, \varphi)$ 为旋转矩阵；(X_t, Y_t, Z_t) 为平移矩阵。

在数据合并的过程中，重点在于旋转矩阵和平移矩阵的计算，理论上，只要确定两次探测点云数据中的 3 个靶标变换矩阵就可以进行拼接，但工程中存在测量误差，两次探测获取的同一个靶标位置也会有误差，变换矩阵求出的变换点云数据会导致目标变形，因此需要多设立靶标，然后利用最小二乘法求得最小误差的转换矩阵，转换关系如下：

设存在 n 个靶标，又设：

$$A = \begin{bmatrix} a_{11} & a_{21} & a_{31} & 1 \\ a_{12} & a_{22} & a_{32} & 1 \\ \vdots & \vdots & \vdots & \vdots \\ a_{1n} & a_{2n} & a_{3n} & 1 \end{bmatrix}, \quad B = \begin{bmatrix} b_{11} & b_{21} & b_{31} & 1 \\ b_{12} & b_{22} & b_{32} & 1 \\ \vdots & \vdots & \vdots & \vdots \\ b_{1n} & b_{2n} & b_{3n} & 1 \end{bmatrix} \tag{6-17}$$

求解最小二乘目标函数 $G = \sum_{i=1}^{n} \| A_i T - B_i \|^2$ 的最小二乘解，假设 $X_i^{(0)}$ 满足：

$$\| AX_i^{(0)} - b_i \|^2 = \min \| AX_i - b_i \|^2 (i = 1, 2, \cdots, 4) \tag{6-18}$$

其中：

$$b_1 = [b_{11} \quad b_{12}, \cdots, b_{1n}]^T, \qquad b_2 = [b_{21} \quad b_{22}, \cdots, b_{2n}]^T,$$
$$b_3 = [b_{31} \quad b_{32}, \cdots, b_{3n}]^T, \qquad b_4 = [b_{41} \quad b_{42}, \cdots, b_{4n}]^T$$

通解为：

$$X_i = A^+ b_i + (I - A^+ A) Y, \quad \forall Y \in C^n, \ (i = 1, 2, \cdots, 4) \tag{6-19}$$

式中，$A^+ = A^T (AA^T)^{-1}$，设：$X = [X_1 \quad X_2 \quad X_3 \quad X_4]^T$，

则可以得出转换矩阵：

$$X = A^{\mathrm{T}}(AA^{\mathrm{T}})^{-1}B \tag{6-20}$$

将一个点云数据经过以上转换后，和另一个点云合并，完成数据的拼接，形成散乱点云，进入下一步数据精简环节。

6.3.4　散乱点云精简

复杂采空区多次探测数据拼接后，单次探测的有序点云间拓扑关系被打乱，形成一个新的散乱点云，其中，需要精简的点云主要集中在每次扫描时扫描头附近的点云密集区，对每次扫描补齐的"盲区"数据和点云稀疏区数据应尽量保留，精简的目的是"去密存稀"，因此首先需要确定每次探测的点云密集区范围。

6.3.4.1　点云分层分区精简算法

将散乱点云沿 Y 轴方向，参照扫描线间距分层剖分，对层内数据依平面特征分区排序精简，精简思路如下：

设散乱点集 S，$P_i(x, y, z) \in S$。

以点集 S 内所有点中 X，Y，Z 坐标最大，最小值为界生成一个平行于坐标轴的长方体，沿探测杆（Y 轴）方向，在 $P_m(x_m, y_{\min}, z_m)$，$P_n(x_n, y_{\max}, z_n)$ 范围内根据分层数 n 对该长方体进行剖分，形成 S_1，S_2，$\cdots$，S_n 个子集，如图6-23所示。

在子集 S_i 内，以点云的 $X_{\min}$，$X_{\max}$，$Z_{\min}$，$Z_{\max}$ 四个值为界对环状点云带分区，分成四个区，如图6-24所示。

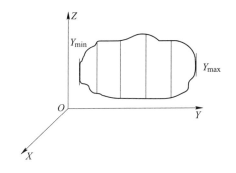
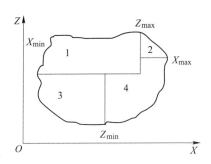

图6-23　分层剖分示意图　　　　图6-24　分区排序示意图

对区内数据点，按 X 坐标从最小值开始，如 Y_i 层的1区内点 $P_{X_{\min}, z}$ 至点 $P_{X, z_{\max}}$ 依次排序（如果有 X 坐标相同的点，以数据存储顺序先后排序）。

按精简步长 k 对排好序的点云进行删除，如设 $k=2$，则序号为 $2n$ 的点被删除，其他点保留，以此类推，从 $Y_{\min}$ 所在层的1区开始，到 $Y_{\max}$ 所在层的4区结束，完成所有点云精简。

6.3.4.2　算法实现步骤

实现精简算法的流程如图 6-25 所示。

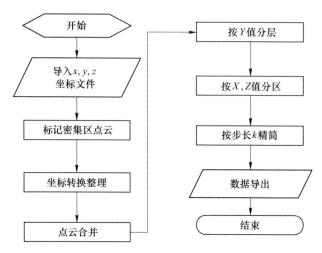

图 6-25　算法基本流程图

具体过程为：

（1）将多个点云数据分别整理成（x，y，z）格式文件，特别标明靶标的坐标；

（2）根据扫描头抬升角度，对属于密集区的点进行标记；

（3）根据转换公式，将每个点云数据都转换到统一坐标下；

（4）转换后的点云数据合并；

（5）读取新点云数据中每一个点（x，y，z）值，按 Y 值分层剖分，分成 n 个层；

（6）从 Y_{min} 层开始，对层内点云数据，按 X_{min}，X_{max}，Z_{min}，Z_{max} 四个值进行分区，分成四区；

（7）从 X_{min} 所在的 1 区开始，按 X 坐标，从最小的点开始，依次排序，对带有密集区标记的点，按精简步长 k 对点进行删除；

（8）依次完成每区每层的点云精简。

6.3.5　工程应用

采空区 56-6、56-7 和 56-8 为某铜矿中三个相邻采空区，爆破扰动造成 56-7 矿柱垮塌，将三者贯通，形成一个大型的贯通复杂采空区，并且垮塌区有进一步扩大的趋势，因此需要及时掌握贯通空区的精确边界形态，为生产提供数据。根据工程的实际环境，对−755m 标高附近，58 线上的两处上部硐室分别进行探测，空区情况与探测位置如图 6-26 所示，获取两个点云数据，如图 6-27 所示。

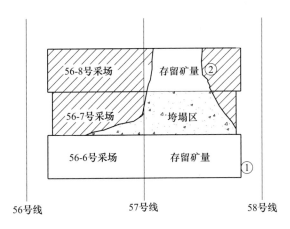

图 6-26　采场位置及相互位置关系示意图

①，②—探测点

由图 6-27 可见，单次探测存在大量"盲区"，并且距离扫描头远端的边界点云数据较稀疏，缺失细节特征，为补齐这些缺陷，需将两次探测获取的数据文件进行拼接，拼接后点云模型如图 6-28 所示，拼接前后坐标、点数目等的统计数据见表 6-8。

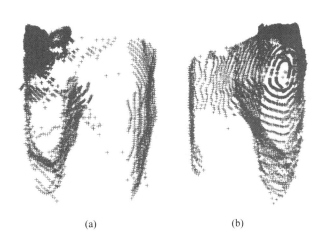

(a)　　　　　　　(b)

图 6-27　两次探测获取点云　　　　　图 6-28　两个点

（a）测点①所获点云；（b）测点②所获点云　　　　云数据拼接

表 6-8 点云数据指标

编号	测点①处所获点云	测点②处所获点云	拼接后
点数目	16049	16071	32107
X_{min}	4451.554	4455.127	4451.554
X_{max}	4542.841	4540.605	4542.841
Y_{min}	2554.093	2557.477	2554.093
Y_{max}	2639.656	2646.047	2646.047
Z_{min}	−819.464	−822.751	−822.751
Z_{max}	−745.182	−744.545	−744.545
体积/m³	149214	133342	174330
表面积/m²	22419	23745	27388

拼接后的数据存在大量冗余，不便于后续三维建模，需对这些点云进行精简，空区 Y 轴纵深 91.954m，取 $n = 100$，密集区角度范围 80° ~ 140°，分别设 $k = 3$、$k = 4$ 时的精简效果如图 6-29 所示。

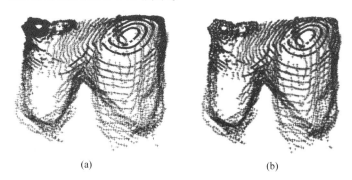

(a)   (b)

图 6-29 点云精简效果对比图
（a）$k=4$；（b）$k=3$

建模效果如图 6-30 所示。

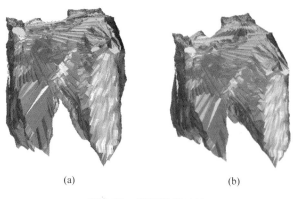

(a)   (b)

图 6-30 模型效果对比
（a）$k=4$；（b）$k=3$

精简后点数据统计见表6-9，合并后包括32107个数据点，从结果看出，k值取3、4时既能完整获取采空区边界信息，又能取得15%~25%的数据精简率，是符合工程要求的参数。

表 6-9 点云精简效果统计

k	点数目	精简率/%	边界完整性
4	26831	16.40	边界完整，细节特征清晰
3	24526	23.60	边界完整，主要特征清晰
2	21630	32.60	边界完整，细节特征缺失

6.4 采空区点云信息三维建模算法研究

6.4.1 基于旋转面的格网三角剖分算法

由于采空区探测条件复杂，在探测中可能存在噪声点或者个别点云数据丢失的情况，通过点云过滤算法可以将噪声点和坏点过滤删除。这样难免存在点云数据缺失，破坏了扫描点云应有的有规律的空间拓扑关系，这对于有序点三角剖分会产生非常不利的影响。如何在探测数据基础上进行插值以修复扫描点应有的拓扑关系，研究形成了基于旋转面的格网三角剖分算法。

6.4.1.1 算法原理及步骤

基于旋转面的格网三角剖分算法首先通过球面投影的有序点插值方法进行插值后，复原扫描点云规则的空间拓扑关系，然后以球面上扫描圈的中心点连线为旋转轴，依次从一圈中提取点生成旋转面，以旋转平面为基准在下一圈搜索能够生成最优格网点，在最优格网基础上完成三角剖分。算法流程图如图6-31所示，算法基本步骤如下：

（1）通过球面投影，将无规律的原位点云转换为一圈一圈的球面点云，对球面点云进行插值，修复原有无破坏的空间拓扑关系，同步对原位点云进行插值。

（2）利用一圈的点和旋转轴形成的旋转面，来搜索下一圈距离旋转面最近的点，以生成最优格网。

（3）针对最优格网存在的一般和特殊情况，对其进行三角剖分，同步对原位点云进行三角剖分，最终得到采空区实际的三角网格模型。

图 6-31 基于旋转面的格网三角剖分算法流程图

6.4.1.2　基于球面投影的有序点云插值方法

设定球心为扫描中心，投影半径为一合适值，一般取扫描中心到扫描第一圈的距离，此时距离是最远的。基本原理是通过球面投影可以把扫描一圈探测的不规则数据投影为球面上的一个圈，然后再进行插值处理。球面投影示意如图6-32所示。

如果不存在点云数据缺失，投影圈上的数据应该为等间距的一系列的点，否则就会导致局部的点与点之间距离过大，通过在投影圈上进行插值，按照线性等比关系对实际扫描圈点进行同步插值。如图6-33所示，插值方法说明如下：

（1）计算投影圈上相邻两点之间的距离，如果距离该圈点间平均距离的1.5倍则认为存在点缺失，需要插入新点P_N。

（2）在线段P_2P_3上d_1处插入P_N，d_1为平均距离，求出d_1与d_2的线性比例，根据线性比例在扫描圈上线段A_2A_3的A_N处插入新点，插入点满足线性比例关系$d_1:d_2=d_3:d_4$。

（3）通过对所有的扫描圈进行插值，复原扫描圈应有的空间拓扑关系。

基于球面投影的有序点插值方法的实现为基于旋转面的格网三角剖分算法奠定了基础。

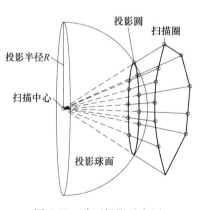

图6-32　球面投影示意图

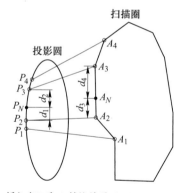

插入点P_N和A_N等比关系 $d_1/d_2=d_3/d_4$

图6-33　扫描圈和投影圆等比插值

6.4.1.3　基于旋转面的最优格网提取方法

旋转面即以球面上扫描圈的中心点连线为旋转轴，依次从一圈中按照顺序提取点与旋转轴组成平面，由于平面是按照逆时针或者顺时针顺序旋转，所以将这一系列的平面定义为旋转面。以旋转平面为基准判断提取最优格网方法步骤如下，如图6-34所示。

（1）依次提取投影球上所有圈的圆心 $O_1 \sim O_5$，作为旋转轴；

（2）从 I 圈的首点开始依次取点 I_0，I_1，…，I_n，与旋转轴 $O_1 \sim O_5$ 确定旋转平面；

（3）根据 I 圈确定的两个相邻的旋转平面，寻找 II 圈上距离两个平面最近的点，以此提取生成最优格网，进而进行三角剖分。

（4）重复（3），依次由 I 圈到最后一圈，直到完全三角剖分。

上述的最优格网是连接两圈的两条线段，尽可能和旋转轴平行，图 6-35 为最优格网示意图。需要对上述情况的最优格网进行有效三角剖分。

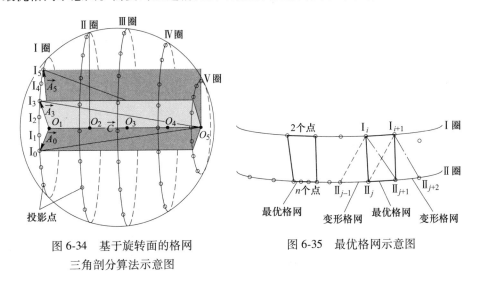

图 6-34　基于旋转面的格网
三角剖分算法示意图

图 6-35　最优格网示意图

6.4.1.4　最优格网三角剖分

利用旋转面生成的最优格网一般情况是在 I 圈和 II 圈各取两个相邻点，即 2∶2 最优格网。但也存在特殊情况，如图 6-36 所示。特殊情况一：在 I 圈中取两个点，两个旋转面在 II 圈的最近点为同一个点，即最优格网为 2∶1 情况；特殊情况二：在 I 圈中取两个点，两个旋转面分别在 II 圈的最近点为不相邻的点，即最优格网为 2∶n 情况。

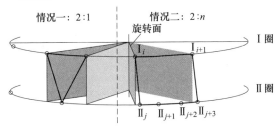

图 6-36　最优格网特殊情况

如何将上述情况统一起来处理，研究了一种简单中间位置判断三角剖分方法，方法示意图如图 6-37 所示。假设两个相邻旋转面在 Ⅱ 圈中寻找的最近点在 Ⅱ 圈的位置分别为 $Ⅱ_n$ 和 $Ⅱ_m$。取 $Ⅱ_p$ 为 $(Ⅱ_n+Ⅱ_m)/2$ 值的整数部分，$Ⅱ_p$ 即为中间位置。当搜索序号 $Ⅱ_x$ 大于 $Ⅱ_n$ 且小于 $Ⅱ_p$ 时，$(Ⅱ_x，Ⅱ_{x+1}，Ⅰ_1)$ 组成三角形；当搜索序号 $Ⅱ_x$ 等于 $Ⅱ_p$，$(Ⅰ_1，Ⅰ_2，Ⅱ_x)$ 组成三角形；当搜索序号 $Ⅱ_x$ 大于 $Ⅱ_p$ 且小于 $Ⅱ_m$ 时，

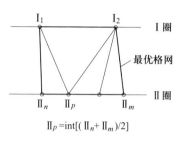

图 6-37　最优格网三角剖分方法示意图

$(Ⅱ_x，Ⅱ_{x-1}，Ⅰ_1)$ 组成三角形。经算法调试，上述方法适用于 2∶1 情况、2∶2 情况和 2∶n 情况的最优格网的三角剖分。

算法中还涉及了两个重要技巧：如何通过编程实现投影点圈圆心的提取和如何确定旋转面的距离最近点。

6.4.1.5　逐步逼近法提取投影点圈的圆心

投影球上所有点圆心的提取，可采用逐步逼近的方法，方法如图 6-38 所示。其基本思路如下：

（1）从圆圈点云中取出 3 个点组成内接于圆圈的三角形 △ABC；

（2）求出三角形一条边 BC 的中垂线 DE，圆心位于该中垂线上；

（3）计算三角形顶点 A 到 BC 中点 D 的距离与 DB 距离的差 d_1，并将中点 D 沿中垂线方向移动距离 d_1 到 D′；

（4）重复计算 AD′ 的距离与 BD′ 距离的差 d_2，并将 D′ 沿中垂线方向移动距离 d_2，直至距离差 d_2 小于 10^{-6}，则说明 D′ 收敛于圆心。

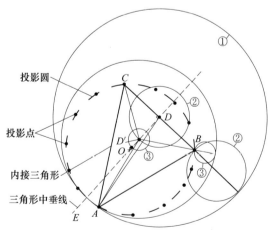

图 6-38　逐步逼近法提取圆心示意图

6.4.1.6　离心向量夹角法寻找旋转面最近点

通过Ⅰ圈上的一点与旋转轴可确定一个旋转面，寻找判断下一圈距离旋转面最近的点，可采用离心向量夹角对比的方法来确定。以生成起始旋转面为例说明利用离心向量夹角去寻找下一圈距离旋转面最近的点，如图 6-39 所示。在开始生成旋转面之前，应当先将所有圈的起点旋转到起始旋转面，起始旋转面由Ⅰ圈的 O 点和旋转轴组成。离心向量夹角法，首先求出Ⅰ圈圆心到起始点 O 的离心向量 V_1，然后在Ⅱ圈中寻找与 V_1 夹角最小的离心向量 V_2，夹角最小时其余弦值最大，余弦值可通过向量内积公式求出。取夹角最小的离心向量 V_2' 对应的点在Ⅱ圈的位置，将Ⅱ圈的起点旋转到该位置，其余的圈也按照这种方法，把起点都旋转到起始旋转面。离心向量夹角法可以用来判断提取相邻圈的最优格网。

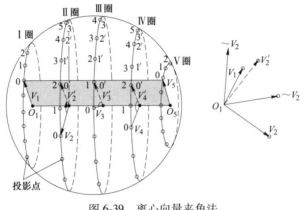

图 6-39　离心向量夹角法

6.4.1.7　基于旋转面的格网三角剖分算法建模效果

运用上述算法生成的某矿山采空区三维模型效果如图 6-40 所示。实践表明，该算法生成的采空区三维模型效率高、精度好。

图 6-40　基于旋转面的格网三角剖分算法建模效果

6.4.2　最大张角三角剖分算法

　　基于旋转面的格网三角剖分算法能够很好地复原扫描点云的空间拓扑关系，在投影球面的点云上生成最优格网并在原位点云同步三角剖分，这种方式不会丢失任何扫描细节，生成的三角网格模型能有效进行后续的剖切、体积计算等基本应用，但有时会生成一些较狭长的三角形，影响模型的外观。如何对原位有序点云直接进行三角剖分，尽可能生成优化三角形，课题组还研究提出了最大张角三角剖分算法。

　　最大张角三角剖分的基本思路是：通过在两个相邻扫描圈的原位点云中寻找相对已知边最大张角的点，作为三角形的第三点进行剖分，算法如图 6-41 所示，其基本步骤如下：

　　（1）定义一条初始边，选两个圈之间最近距离的两点线段作为初始边；

　　（2）假设存在已知边 e_1，为第 i 圈 j 点和第 $i+1$ 圈 k 点线段，搜寻对比第 i 圈 $j+1$ 点和第 $i+1$ 圈 $k+1$ 点，对比形成的张角 θ_1 和 θ_2 的大小；

　　（3）通过计算比较两个张角的余弦值，取余弦值较小（张角较大）的点和已知边 e_1 生成三角形，更新已知边。将生成的三角形存入三角形结构容器中；

　　（4）重复步骤（1）～（3），直至所有圈与圈之间的点全部被三角剖分。

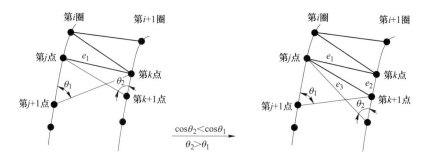

图 6-41　最大张角三角剖分算法示意图

　　运用上述最大张角三角剖分算法生成的某矿山采空区三维模型效果如图 6-42 所示。该算法生成的采空区三维模型效率高、精度好。

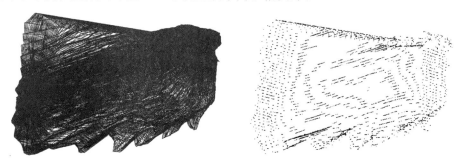

图 6-42　基于最大张角三角剖分算法建模效果

6.4.3 基于切耳朵三角剖分算法的模型封闭

上述两种三角剖分算法可以实现扫描圈之间的三角剖分，但不能对首圈和尾圈点云进行封闭。切耳朵三角剖分算法能够实现首圈和尾圈的三角剖分，从而生成封闭完整采空区三角网模型。

根据耳朵理论，多边形上三个连续的顶点 a、b、c，如果 ac 是一条内部对角线，b 为外凸的顶点，则 $\triangle abc$ 为多边形的一个耳朵，如图 6-43 所示。

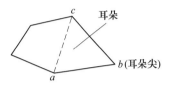

图 6-43 耳朵示意图

切耳朵三角剖分算法基本思路是：首先初始化每个顶点的耳朵尖状态，当顶点数 $n>3$ 进行如下步骤：定位一个耳朵尖 v_2，输出对角线 v_1v_3，然后切除耳朵 E_2，更新耳朵尖 v_1 和 v_3 的状态。

6.5 安徽开发矿业溜井形态三维激光检测及分析

6.5.1 检测方案

安开铁矿李楼矿区共有 1 号、2 号、3 号三个溜井，设计年产量 750 万吨，其中 3 号溜井设计断面为直径 4m 圆形，溜井上部接溜槽通向卸矿坑，溜井离旁边主井距离约 25m，经多年使用溜井井壁发生不同程度垮冒变形。

考虑到溜井和一般的空腔结构的特殊性，监测采用多点水平扫描的方式，对于初次监测无明显破坏的溜井，一次定形（1 号、2 号溜井）。对于有明显破坏的，根据初次检测的结果制定后续检测的探头下方点频率及位置。以达到精确探测的目的。

根据以上检测方案的制定原则，安科院分别于 2013 年 8 月 3 日、2013 年 12 月 30 日、2014 年 5 月 12 日对安开 1 号、2 号、3 号溜井进行了检测。其中，1 号溜井检测一次，下放 30m、60m、105m 处共三个点（无大范围扩帮），2 号溜井检测一次，下放 30m、60m、90m 处共三个点（无大范围扩帮），3 号溜井检测三次，第一次：下放位置 15m、35m、65m、74m、102m 处共五点；（发生大范围扩帮），测量次数是基于首次检测溜井的状况，视其破坏程度进行的，由于 1 号、2 号溜井不存在溜井大范围扩帮，3 号溜井破坏严重，因此在对 3 号溜井首次检测的基础上，又安排了两次检测。第二次检测的目的是验证满井放矿对井壁的磨损是否会导致井筒的进一步破坏，下放测点：20m、40m、65m、95m 处共四点（2013 年 12 月 30 日满井检测，时间跨度 5 个月）；第三次检测的目的是检测验证上部垮落区是否向上进一步发展，继而影响上部运输大巷的安全运行。下放测点：15m 处、35m 处共两点（2014 年 5 月 12 日满井检测，时间跨度 5 个月）。

6.5.2　检测过程

　　溜井探测过程是通过用 GPS 确定钻孔坐标，然后用罗盘测量出钻孔的方位角。三维激光扫描系统的完全定位只需一个孔口坐标作为定位的原点，有了原点坐标及方位角后三维激光扫描系统即可完成其余的定位。现场试验方式如图 6-44 所示。

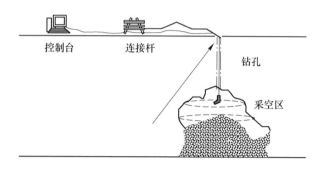

图 6-44　现场试验方式示意图

　　扫描可以有三种方式：（1）水平单次切片扫描；（2）水平方向扫描；（3）垂直方向扫描（图 6-45）。

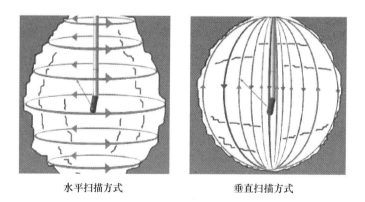

水平扫描方式　　　　　　　垂直扫描方式

图 6-45　扫描方式

6.5.3　检测结果及成果解析

6.5.3.1　1 号溜井检测结果及分析

　　1 号溜井相关形状信息如图 6-46～图 6-49 所示。

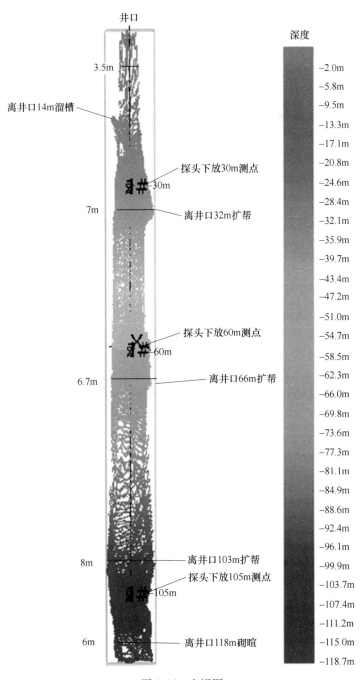

图 6-46 主视图

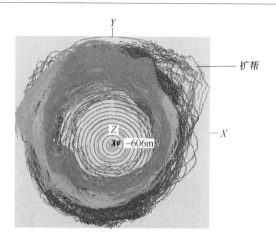

图 6-47　俯视图

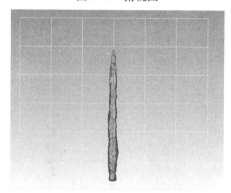

图 6-48　1 号溜井立体图和体积计算

0～10m处典型直径(5m)

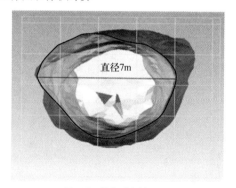

30～50m处典型直径(7m)

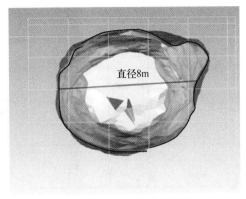
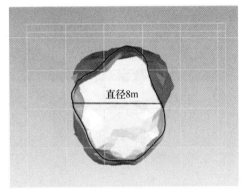

90～105m处典型直径(8m)　　　　　　110m～井底处典型直径，直径8m(红线区域)

图 6-49　1 号溜井典型直径

2013 年 8 月 3 日对安开 1 号溜井进行了 3 次激光三维扫描，分别是离井口30m、60m、105m 处。根据扫描结果显示，1 号溜井放空 118m，溜井总长 136m，存矿 18m，溜井出现了 4 处明显的扩帮现象，分别是离井口 32m、36m、66m、103m 处，扩帮最大直径达到 8m。

6.5.3.2　2 号溜井检测结果及分析

2 号溜井相关形状信息如图 6-50~图 6-53 所示。

2013 年 12 月 29 日对安开 2 号溜井进行了 3 次激光三维扫描，分别是离井口30m、60m、90m 处。根据扫描结果显示，测得溜井有效长度 104.2m，在距离井口 27m 处，由于受溜下矿石第一次冲击影响，井壁发生轻微扩帮，扩帮处直径5.8m。其余位置井壁较为完整，受溜下矿山影响不大。

6.5.3.3　3 号溜井检测结果及对比分析

3 号溜井相关形状信息如图 6-54~图 6-56 所示。

由于 1 号、2 号溜井不存在溜井大范围扩帮，3 号溜井破坏严重，因此在对 3 号溜井首次检测的基础上，又进行了两次检测。第二次检测的目的是验证满井放矿对井壁的磨损是否会导致井筒的进一步破坏，下放测点：20m、40m、65m、95m 处共四点（2013.12.30 满井检测，时间跨度 5 个月）；第三次检测的目的是验证上部垮落区是否向上进一步发展，继而影响上部运输大巷的安全运行。下放测点：15m、35m 处共两点（2014 年 5 月 12 日满井检测，时间跨度 5 个月）。由于三次检测 3 号溜井变形并不大，因此，以第二次检测结果示意 3 号溜井的扩帮状况。

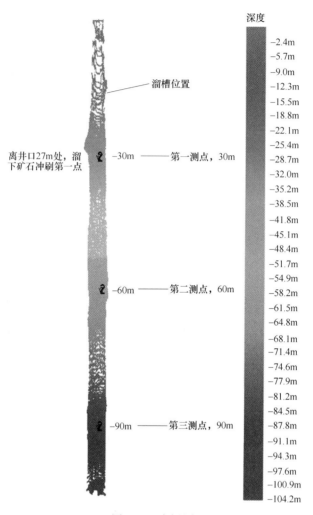

图 6-50 主视图

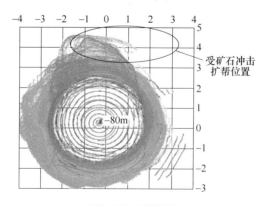

图 6-51 俯视图

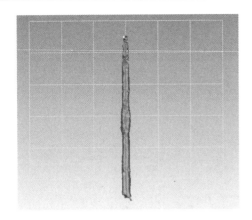

图 6-52 2 号溜井立体图和体积计算

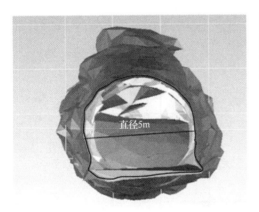

0～30m处典型直径(5m)

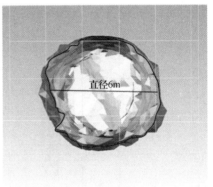

50～70m处典型直径(6m)

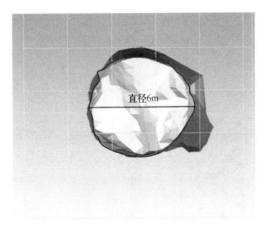

70m～井底处典型直径，直径6m(红线区域)

图 6-53 2 号溜井典型直径

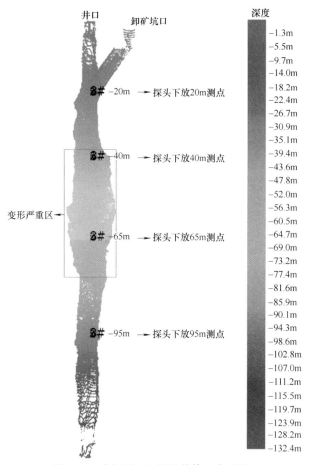

图 6-54　主视图（3 号溜井第二次测量）

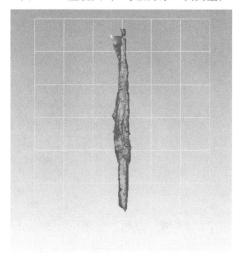

图 6-55 3 号溜井立体图和体积计算

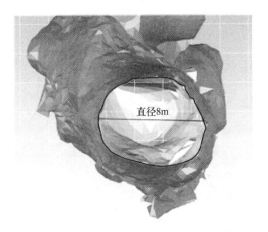

0~25m处典型直径(8m)

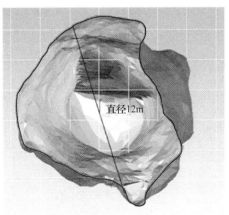

40~70m处典型直径(12m)

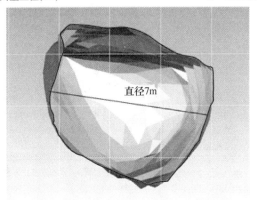

70m~井底处典型直径,直径7m(红线区域)

图 6-56 3 号溜井典型直径

第一次与第二次检测结果的比较（旨在验证满井放矿对井壁的磨损）如图 6-57~图 6-60 所示。

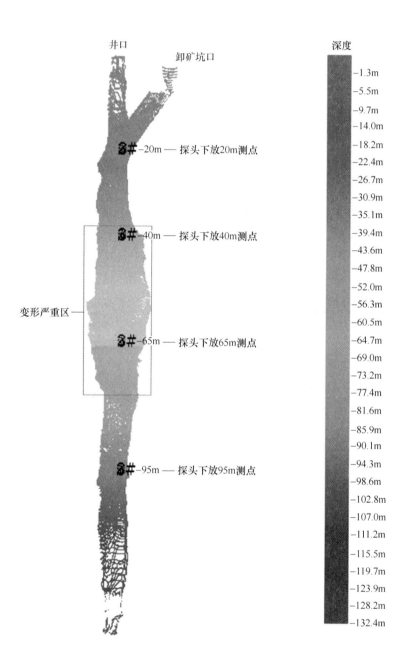

图6-57　主视图（3号溜井第二次测量）

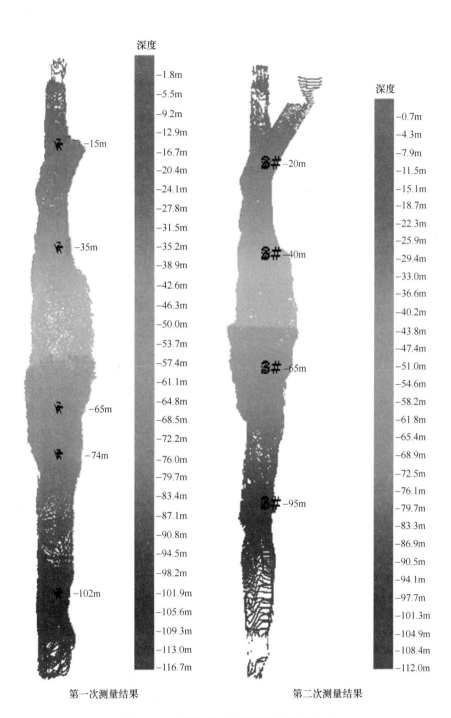

图 6-58 3 号溜井两次测量结果分析比对

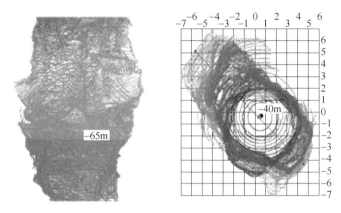

图 6-59　扩帮最大处局部放大（3 号溜井第二次测量）

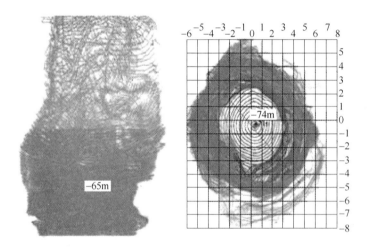

图 6-60　扩帮最大处局部放大（3 号溜井第一次测量）

　　通过分析比较，两次测量是存在不同的，这是由于两次测量探头下放条件不同导致的下放位置的选择不同，从而有效数据高度上存在一定的差异。尽管如此，通过对局部关键部分放大分析比较知，扩帮最明显位置位于 50m 附近，最大直径达到了 14m，两次测量结果较为吻合。第一次测量与第二次测量时间相距 4 个多月，井筒没有进一步受到破坏，初步分析是由于 3 号溜井保持满井放矿，井筒只受到矿石摩擦而不再受到冲刷。

　　第二次与第三次检测结果的比较（由于扩帮部位距离运输大巷距离较近，第三次检测旨在检验扩帮是否向上发展，威胁运输大巷安全）如图 6-61～图 6-63 所示。

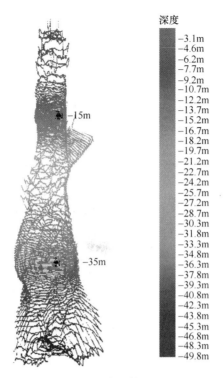

图 6-61 高程信息图

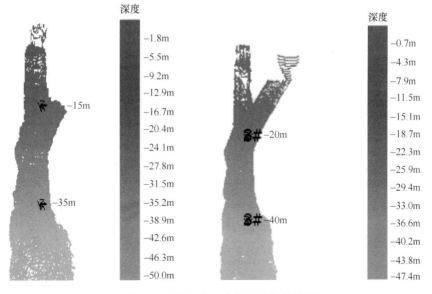

图 6-62 第一次测量与第二次测量溜井关键部位对比

（2013 年 8 月 3 日~2013 年 12 月 30 日）

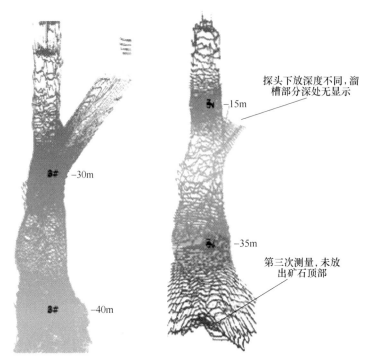

图 6-63　第二次测量与第三次测量溜井关键部位对比
（2013 年 12 月 30 日~2014 年 5 月 12 日）

7 采空区空间信息三维可视化及动态分析

`<<<<<<<<<<<<<<<<<<<<<<<<<<<<<<<<<<<<<<<<<<<<<<<<<<<<<<<<<`

7.1 基于精确建模的采空区稳定性支持向量机分析

构建采空区精确模型，并进行模型运算，可以获得采空区的精确三维边界、准确的体积等关键参数，给采空区稳定性分析提供基础数据。金属矿采空区失稳类型主要包括顶板冒落和片帮，本文以某矿采空区为研究对象，研究采空区稳定性规律，分析确定采空区稳定状态。

7.1.1 支持向量机分析模型构建

支持向量机（Support Vector Machine，SVM）算法主要用来求解输入变量与输出变量间的非线性关系。

算法步骤如下：

设样本为 n 维向量，用函数 $f(x) = \omega \cdot x + b$ 拟合数据

$$\{x_i, y_i\}, \ i = 1, 2, \cdots, n, \ x_i \in R^n, \ y_i \in R \tag{7-1}$$

设某区域的 k 个训练样本都可以在精度 ε 无误差地用线性函数拟合，即：

$$\begin{cases} y_i - \omega \cdot x_i - b \leqslant \varepsilon \\ \omega \cdot x_i + b - y_i \leqslant \varepsilon \end{cases} \quad (i = 1, \cdots, k) \tag{7-2}$$

优化目标是最小化 $\dfrac{1}{2} \| \omega \|^2$。

为取得更好的泛化能力，引入松弛因子 $\xi_i \geqslant 0$ 和 $\xi_i^* \geqslant 0$，则上式为：

$$\begin{cases} y_i - \omega x_i - b \leqslant \varepsilon + \xi_i \\ \omega x_i + b - y_i \leqslant \varepsilon + \xi_i^* \end{cases} \quad (i = 1, \cdots, k) \tag{7-3}$$

优化目标为：

$$\frac{1}{2} \| \omega \| + c \sum_{i=1}^{k} (\xi_i + \xi_i^*) \tag{7-4}$$

式中，常数 $c>0$，控制对超过误差 ε 的样本的惩罚程度。采用优化方法可以得到其对偶问题。当：

$$\sum_{i=1}^{k} (\alpha_i - \alpha_i^*) = 0, \ 0 \leqslant \alpha_i \cdot \alpha_i^* \leqslant c, \ i = 1, 2, \cdots, k \tag{7-5}$$

对 Lagrange 因子 α_i，α_i^* 最大化目标函数：

$$W(\alpha, \alpha^*) = -\frac{1}{2}\sum_{i,j=1}^{k}(\alpha_i - \alpha_i^*)(\alpha_j - \alpha_j^*)(x_i \cdot x_j) + \qquad (7\text{-}6)$$

$$\sum_i^k y_i(\alpha_i - \alpha_i^*) - \varepsilon(\alpha_i + \alpha_i^*)$$

对这种典型的凸二次优化问题，求解得到拟合函数为：

$$f(x) = \omega \cdot x + b = \sum_{i=1}^{k}(\alpha_i - \alpha_i^*)(x \cdot x_i) + b \qquad (7\text{-}7)$$

式中，α_i，α_i^* 对应的样本即支持向量。

拟合函数式为下式，最大化：

$$W(\alpha, \alpha^*) = -\frac{1}{2}\sum_{i,j=1}^{k}(\alpha_i - \alpha_i^*)(\alpha_j - \alpha_j^*)K(x_i \cdot x_j) + \qquad (7\text{-}8)$$

$$\sum_i^k y_i(\alpha_i - \alpha_i^*) - \varepsilon(\alpha_i + \alpha_i^*)$$

令：

$$\sum_{i=1}^{k}(\alpha_i - \alpha_i^*) = 0, \ 0 \leqslant \alpha_i, \ \alpha_i^* \leqslant c, \ i = 1, 2, \cdots, k \qquad (7\text{-}9)$$

则：

$$f(x) = \omega \cdot x + b = \sum_{i=1}^{k}(\alpha_i - \alpha_i^*)K(x \cdot x_i) + b \qquad (7\text{-}10)$$

就采空区稳定性分析而言，将各影响因素作为输入，稳定性等级作为输出，通过支持向量机确定两者间的非线性关系。由于采空区稳定性有多个级别，需要设计基于 SVM 的多分类器系统，如图 7-1 所示。

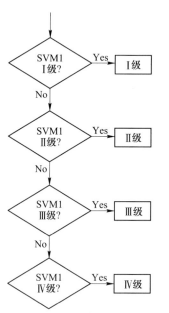

系统包含 4 个 SVM 分类器，依次串联，每个 SVM 分类器用于确定一个级别，由 Ⅰ、Ⅱ、Ⅲ、Ⅳ级依次进行训练。输出结果为 1 和 -1，如果输出为 -1，则依次自动进入下一级分类器，继续进行识别分类，直到决策函数输出为 1，结束分类。

7.1.2 分析与预测

收集采空区力学参数（围岩坚固性系数 X_1、矿体坚固性系数 X_2、采空区埋深 X_3、动载

图 7-1 采空区稳定性多分类模型

扰动 X_4、结构弱面 X_5）和结构参数（采空区长度 X_6、宽度 X_7、高度 X_8，采空区体积 X_9、采空区顶板暴露面积 X_{10}），共 10 个参数，如图 7-2 所示。

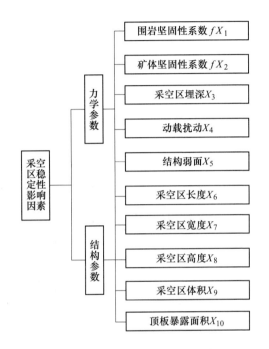

围岩坚固性系数 $f X_1$

矿体坚固性系数 $f X_2$

采空区埋深 X_3

动载扰动 X_4

结构弱面 X_5

采空区长度 X_6

采空区宽度 X_7

采空区高度 X_8

采空区体积 X_9

顶板暴露面积 X_{10}

力学参数

结构参数

采空区稳定性影响因素

图 7-2 采空区稳定性影响因素

根据所获取的采空区 173 个样本数据，统计了体积变化量分布情况，提出采空区稳定性分类等级见表 7-1。

表 7-1 稳定性分类等级

稳定性等级	I	II	III	IV
体积变化量	<1%	1%~3%	3%~5%	>5%

其中，等级 I 表示稳定性好，采空区边界稳定；

等级 II 表示稳定性中等，采空区边界较稳定，体积变化量小；

等级 III 表示稳定性差，采空区边界失稳概率高，体积变化量大；

等级 IV 表示稳定性较差，采空区边界失稳概率很高，体积变化量很大。

以同一个矿山的共 48 个样本数据作为分析样本（编号：1~48），选择新开采的两个采空区作为测试样本（编号：49~50）数据，见表 7-2。

表 7-2　样本数据

序号	围岩坚固性系数 X_1	矿体坚固性系数 X_2	埋深 X_3/m	动载扰动 X_4	结构弱面 X_5	长度 X_6/m	宽度 X_7/m	高度 X_8/m	体积 X_9/m³	顶板暴露面积 X_{10}/m²	等级
1	10~12	10	380	1	1	80	25	25	76674	1524	II
2	10~12	8~10	380	1	1	80	25	25	78758	1716	II
3	10~12	8~10	380	1	1	80	25	25	70193	2624	IV
4	3~5	3~5	380	1	1	80	35	25	84056	1541	IV
5	8~10	8~10	440	1	1	85	25	20	52114	3753	IV
6	3~5	12~18	440	1	1	85	25	20	50233	2649	IV
7	8~10	10	380	1	1	80	20	22	46656	4286	III
8	12~18	10~12	440	1	1	80	20	22	49628	761	II
9	10~12	14	380	0	1	60	20	20	27758	558	I
10	12~18	12~18	380	0	0	70	20	20	39382	1918	I
11	3~5	9	380	0	0	85	25	22	52845	1329	I
12	8~10	10~12	440	1	1	80	25	22	49507	3412	I
13	12~18	10	560	1	1	70	20	20	38015	808.8	I
14	10~12	12~18	560	1	1	85	25	20	56130	1269	I
15	14	7	560	1	0	80	25	25	62524	1733	I
16	12~18	8~10	560	1	0	85	25	20	57008	2807	I
17	9	10~12	560	1	0	85	25	20	51890	1574	I
18	10~12	8~10	380	0	1	90	25	25	81295	2272	II
19	10	12~18	558	0	1	93	25	25	81520	1424	II
20	12~18	3~5	558	0	1	95	30	25	89454	1977	III
21	7	10~12	558	1	1	95	30	25	84353	1877	IV
22	8~10	8~12	558	1	1	85	25	20	58528	2065	III
23	10~12	10~12	558	1	1	85	25	20	56777	1821	IV
24	10~12	8~10	760	1	0	85	25	20	62898	1817	I
25	7	9	760	1	0	90	25	20	70795	1693	I
26	12	10~12	760	1	0	70	20	20	41083	1994	I
27	3~5	3~5	760	0	1	90	25	25	82963	1588	I
28	9	10~12	760	0	1	90	35	20	85192	1355	I
29	12~18	8~12	760	0	1	85	25	20	66813	1143	I
30	12	10~12	730	1	0	85	25	20	59152	1333	I
31	8~10	8~10	730	1	0	85	25	20	63754	1555	II

序号	围岩坚固性系数 X_1	矿体坚固性系数 X_2	埋深 X_3/m	动载扰动 X_4	结构弱面 X_5	长度 X_6/m	宽度 X_7/m	高度 X_8/m	体积 X_9/m³	顶板暴露面积 X_{10}/m²	等级
32	10~12	12~18	536	1	0	85	25	20	67978	938.3	I
33	13	10	536	1	1	85	25	20	69443	2099	III
34	10~12	10~12	536	1	1	90	25	20	81661	2828	III
35	8~10	14	536	1	1	70	20	20	34765	1006	I
36	12~18	8~10	536	1	1	70	20	20	47823	1764	I
37	3~5	12~18	800	1	1	70	20	20	37214	1717	I
38	10~12	3~5	730	0	1	90	25	20	87652	1716	I
39	8~12	10~12	730	0	1	90	25	20	78931	1641	I
40	8~10	8	760	0	1	70	20	20	43876	1939	I
41	7	6~8	760	1	1	70	20	20	34781	1802	I
42	12~18	10~12	730	1	0	85	25	20	56130	1760	I
43	8	10~12	536	1	0	85	25	20	62524	1878	I
44	10~12	10~12	760	0	0	40	25	25	10234	877	I
45	8~10	3~5	536	1	1	70	20	20	32451	1477	I
46	9	10~12	380	0	1	60	20	20	28763	1631	II
47	10~12	8	380	1	1	85	25	20	55327	1733	III
48	12~18	6~8	380	1	1	85	25	20	67012	1755	III
49	12~18	10~12	760	1	1	85	25	20	53214	1471	III
50	8	10~12	730	1	1	85	25	20	60137	1548	III

确定分析样本后，关键在于预测模型核函数和惩罚系数 C 的选取。分别选取 1、5、10 三个惩罚系数 C 来测试，最终确定：采空区稳定时间预测模型选择多项式核函数：$K(x_i, y_i) = (x_i \cdot y_i + 1)^2$，惩罚系数 $C = 10$，利用建立的预测模型对表中两组测试样本（54-14 采空区和 54-6 采空区）的预测等级分别为：III 和 III，有较高的失稳风险。

7.2 基于精确建模的采空区动态监测与分析

根据采空区特点，对矿山中存在的隐患空区进行多次探测，可以准确掌握其三维边界形态变化过程，为控制安全风险提供可视化的分析数据。

7.2.1 采空区三维激光动态监测

以某矿 54-6 和 54-14 两个采空区作为动态监测对象，基本情况见表 7-3。

表 7-3 采空区基本数据

空区编号	空区形成时间	第一次探测时间	第二次探测时间	高度/m	埋深/m
54-6	2006.10	2006.12	2008.3	96.4	760
54-14	2007.11	2008.1	2008.12	50.3	760

54-6 采空区第一次、第二次激光探测后获得的精确模型，两次实测三维模型复合图和剖面图分别如图 7-3（a）~（d）所示。

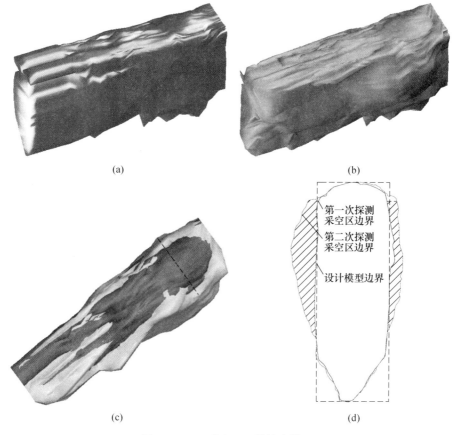

图 7-3 54-6 采空区三维精确模型

（a）第一次探测模型；（b）第二次探测模型；
（c）两次探测模型复合；（d）两次探测模型剖面对比

从图 7-3 可以看出，54-6 采空区两侧发生了失稳，采空区两帮大面积垮塌，顶板相对稳定，没有发生大规模失稳破坏。

54-14采空区第一次、第二次激光探测后获得的精确模型，两次实测三维模型复合图和剖面图分别如图7-4（a）～（d）所示。

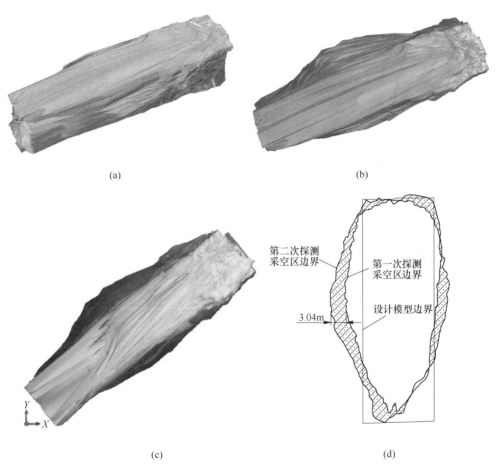

（a）

（b）

（c）

（d）

图7-4 54-14采空区三维精确模型

（a）第一次探测模型；（b）第二次探测模型；

（c）两次探测模型复合；（d）两次探测模型剖面对比

实测结果表明54-14采空区也发生了失稳，失稳主要发生在采空区两帮位置，空区顶部也有少量冒落情况。

7.2.2 结果对比分析

统计两个采空区的基本信息和形变量，主要统计多次探测结果中体积的变化量，以及数值模拟中塑性区轮廓线与实测边界的对比。

54-6采空区形变量统计见表7-4。

表 7-4　54-6 采空区体积变化量

位置	序号	垮塌体积/m³	体积差/m³
顶板	第一次	30	55
	第二次	85	
两帮	第一次	1530	3452
	第二次	4982	

54-14 采空区形变量统计量见表 7-5。

表 7-5　54-14 采空区体积变化量

位置	序号	垮塌体积/m³	体积差/m³
顶板	第一次	49	169
	第二次	218	
两帮	第一次	1249	2913
	第二次	4162	

54-14 采空区第一次和第二次探测边界三维形变如图 7-5 所示。

图 7-5　54-14 采空区边界三维形变

54-14 采空区实测边界与数值模拟预测边界的对比如图 7-6 所示。

由表 7-4 和表 7-5 可见，54-6 和 54-14 采空区的实测体积变化量分别为 3.2% 和 4.3%，符合支持向量机理论分析模型的计算结果；由图 7-6 可见，54-14 采空区数值分析预测的塑性区轮廓线与采空区第二次实测的边界线吻合，进一步验证分析结果的有效性。

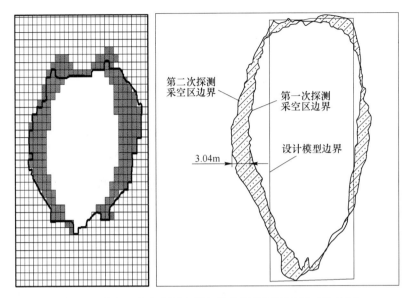

图 7-6 采空区多次实测边界与数值模拟预测边界对比验证

7.3 基于采空区精确建模分析采空区稳定性

本节首先采用先进的空区激光自动扫描系统（CALS）对不规则空区进行激光扫描，获得空区空间形态的精准三维点云数据，进而对探测的三维点云数据进行点、线、面处理，生成具有空区实际边界的实体模型。在此基础上，运用 Surpac 软件，以所得的实体模型作为约束面对空区围岩进行了三维块体模拟，并重点研究了 Surpac 三维建模软件与 FLAC³ᴰ 三维数值分析软件之间的模型耦合技术，成功地将三维模型数据导入 FLAC³ᴰ 中，生成既可算又具有真实空区边界的数值计算模型，同时结合现场实际勘测的围岩力学参数，对空区进行静力计算，进而对空区的稳定性进行分析，从而避免定性探测对空区三维空间描述精确度不高问题，突破了空区真实三维建模、空区稳定性评价技术上的局限性，为指导矿区的安全生产提供了可靠的保障。

7.3.1 Surpac 和 FLAC³ᴰ软件

Surpac Vision 是澳大利亚 SSI（Surpac Software International）国际软件公司开发的 Surpac 系列大型软件系统的最新版本，最早应用于矿山工程。由于该软件功能强大，特点突出，扩充性好，后来逐渐拓展到冶金、水电、煤炭等领域。Surpac Vision 是一个大型软件平台，软件系统采用模块化集成。系统可控制项目运行周期的每一个阶段且保持各级数据库结构及数据的连续性、安全性。从项目初期的经济技术评估、前期勘探中数据的采集与分析、地面与地下结构的设计、施工管理与施工安全监测、工程运行计划与日常报表直至项目完成后的环境保护等，Surpac Vision 以其独创的数据库技术、功能强大的三维可视化图形工具、最新的网络技术以及基于 JAVA 的图形用户界面等特点，服务于资源开发项目的每一个环节。Surpac Vision 包含数十个可选的功能模块，涵盖一般资源项目的各个环节，主要有软件体系结构模块、JAVA 程序模块、钻孔数据库管理模块、图形用户界面模块、宏功能模块、绘图及可视化仿真模块、测量模块、地质统计学模块、矿产等级控制模块、结构设计模块等。

FLAC^{3D}（Fast Lagrangian Analysis of Continua In 3 Dimensions）是由美国 Itasca Consulting Group，Inc. 为岩土工程应用而开发的连续介质显式有限差分计算机软件。该软件主要适用于模拟岩土体材料的力学行为及岩土材料达到屈服极限后产生的塑性流动，对大变形情况应用效果更好；可有效地模拟各种开挖或施加支护等过程。软件自身设计多种结构元素，可直接模拟这些加固体与岩（土）体的相互作用。它包含 10 种弹塑性材料的本构模型和 5 种计算模式，各模式间可以互相耦合，可以模拟多种结构形式，如岩体、土体或其他材料实体，梁、锚桩、壳以及人工结构如支护、衬砌、锚索、岩栓、土工织物、摩擦桩、板桩、界面单元等，可以模拟复杂的岩土工程或力学问题。FLAC^{3D}还自带 FISH 语言，可以针对自己的特殊需要进行二次开发，可以编写本构模型、结构单元修正和计算数据的导入导出等。FLAC^{3D}软件被公认为是岩土力学中进行数值模拟的最有效的方法之一。其计算流程首先是由节点速度求出新的应变速度，然后运用结构方程式由应变速度和应力计算出各时步内的新的应力，之后运用运动方程式由应力和失衡力算出新的质点速度和位移，FLAC（3D）软件计算总流程如图 7-7 所示。

为了实现 Surpac 和 FLAC^{3D}之间的数据耦合，需要把激光三维探测所得的空区三角网实体模型导入 Surpac 后，以三角网实体模型为边界做空区在 Surpac 中的块体模型，因此在这里我们所关心的是 Surpac 中的块体模型和 FLAC^{3D}中计算模型的数据格式及耦合方式。Surpac 中的块体模型包含的一些组件为模型空间、属性、约束，块体模型可以在任何位置应用，通过空间值的分布建立空间模型，在创建好块体模型之后，用最小距离法、距离反比法或普通克立格法在块体模型中填充值。FLAC^{3D}中的计算模型是通过 Brick 单元构建，与 Surpac 有着相同的模型构建方式，然而两者之间的单元存储方式却不尽相同，如果要运用激光三维探测所得的实体模型在 FLAC^{3D}中进行数值分析，就需要在 Surpac 中通过块体建模的过度，然后通过 Surpac 和 FLAC^{3D}的耦合分析，使空区块体模型具有 FLAC^{3D}认可的数据格式，然后进行数值计算，这就是接下来所要讨论的问题。

7.3.2　CALS 探测结果与 Surpac 耦合

工程岩体稳定性是一个非常复杂的地质力学问题，出于对工程安全和经济效

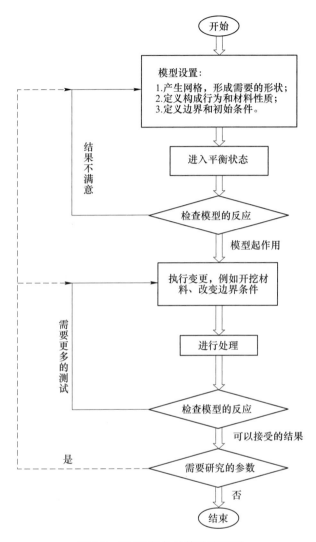

图 7-7　FLAC 软件计算总流程图

益的考虑，建立既"可视"又"可算"的数值计算模型，对有效地分析与评价工程结构的稳定性具有重大的理论和现实意义。为了建立在空间上分布一致，能够充分反映地质结构和岩性的三维地质模型，本文将空区三维表面模型导入到 Surpac 软件中作为约束面生成空区围岩的三维块体模型。具体做法是利用空区表面模型作为围岩的内部边界面，根据空区对围岩的影响范围以及计算要求的精度分别确定围岩的外部边界和内部边界处细分块体单元的大小，生成所需的空区三维围岩模型，从而为空区的稳定性数值分析建立了较高准确度的前处理文件，该模型结构的准确性确保了稳定性计算结果的可靠性。

7.3.3 Surpac 块体和 FLAC³ᴰ计算模型的耦合

将 Surpac 与 FLAC³ᴰ耦合构建数值分析模型可以采用数据转化的方式来实现。要实现数据转化，其关键是要弄清楚 Surpac 与 FLAC³ᴰ的有关数据文件格式。

7.3.3.1　Surpac 输出的数据格式

Surpac 能对建立的三维岩体块段模型，即采用正方体或长方体对岩体的实体模型进行三维剖分。将建成的 Surpac 块体模型数据保存为文本文件格式（.CSV），用记事本打开，就可以清楚看到 Surpac 块体模型中每一个单元的信息，见表 7-6。

表 7-6　**Surpac 块体模型的数据文件格式**

X	Y	Z	SIZE(X)	SIZE(Y)	SIZE(Z)	属性

单元的形状为规则六面体，其中 X、Y、Z 为单元中心点的坐标，SIZE（X）、SIZE（Y）、SIZE（Z）分别为单元在 X、Y、Z 方向的边长，其他则为单元的属性。

7.3.3.2　FLAC³ᴰ输出的数据格式

FLAC³ᴰ前处理数据文件为 ∗.dat 文本文件。在该文件中包括了模型边界定义、单元划分、单元力学参数定义、边界条件和本构关系定义等前处理内容。所有输入的命令都采用英文表述，一个完整的命令由主命令词 COMMAND 后接一个或更多个关键词和数值参数组成。一些命令（如 PLOT）后面可以使用开关选项，开关选项是用来进一步说明命令执行的细节。命令的一般格式如下：

Gen zone brick p0 x0, y0, z0 P1 x1, y1, z1 P2 x2, y2, z2 P3 x3, y3, z3 dim d1, d2, d3 size n1, n2, n3

（通过此命令定义模型的边界范围、大小和单元数）

在 FLAC³ᴰ中有 12 种基本单元模型，其中 Brick 单元就是六面体单元，与 Surpac 块体模型单元相同，因此，以它为基础来实现单元模型数据的转换。该单元的形状如图 7-8 所示，在 FLAC³ᴰ中存储的该单元信息为各节点的坐标。

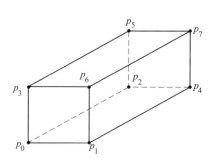

图 7-8　FLAC³ᴰ中 Brick 单元定义

7.3.3.3 Surpac 和 FLAC^{3D} 计算模型耦合原理

Surpac 块体模型单元数据导出后是单元中心点的 X、Y、Z 坐标和单元在 X、Y、Z 方向的边长，记中心点坐标为 X、Y、Z，三个方向边长分别记为 X_c、Y_c 和 Z_c，则根据单元中心与角点坐标的几何关系，如图 7-9 所示，由计算公式可以得到 FLAC^{3D} 命令流定义该单元所需的 8 个角点坐标。

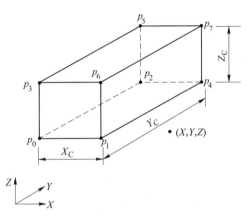

图 7-9 单元中心与角点坐标的几何关系

这些角点坐标就是生成 FLAC^{3D} 计算模型的节点坐标。

对于空区部分及不同岩性的围岩部分的分类，可以通过在 Surpac 中就块体模型的某一属性赋予不同值，在导出的相应 *.csv 文件中根据这一不同值来区分数据，并按上面的公式求出 FLAC^{3D} 中不同区域所属的所有节点及其坐标，本书所述的耦合方法采用在 FLAC^{3D} 中对岩性进行赋值，这样既使得模型在能够分类的前提下便于操作，又降低了模型耦合编程的难度。通过上述分析，应用 MATLAB 语言编写了相应的程序，该程序能对 Surpac 块体模型数据文件进行处理并转换为 FLAC^{3D} 可接受的文本格式的命令流文件，直接生成与 FLAC^{3D} 相匹配的单元体（zone），进而建立复杂空区的三维数值模拟网格计算模型。

7.4 三道庄矿区露天开采境界下空区的探测与稳定性分析

7.4.1 空区激光三维探测

7.4.1.1 空区激光三维探测系统

空区自动激光扫描系统运用激光行进时间测量技术对空区进行扫描。该设备直径只有 50mm，通过地上凿孔延伸至地下空区和洞穴进行测量，通过向下钻孔能延伸 300m 的距离，通过上向和水平钻孔可延伸 100m（图 7-10 和图 7-11）。空区自动激光扫描系统能测得空区的三维模型和表面反射率。机动性很好的双轴驱动的扫描探头确保了对空区进行 360° 全方位扫描，扫描距离可达 150m。数据采集速率为每秒 200 个点，测量精度为 5~10cm。空区自动激光扫描系统探测器中还设计了数字罗盘、倾斜和滚动传感器，这能保证设备和扫描得到点云的精确定位和导向。测量所得的数据通过数据测量记录传导系统传输到地面控制装置，该装置由一台装有 MDL 公司空区自动激光扫描系统控制软件的笔记本电脑来实现远程控制。空区自动激光扫描系统控制软件生成的原始扫描和钻孔文件，由装在笔记本电脑的激光点云阅读软件读取并进行处理，然后转入下一步进行建模形成三维模型，并可把数据导入目前很流行的 Surpac、Vulcan、AutoCAD、Datamine 等软件。

图 7-10　通过地表钻孔探测地下空区　　　图 7-11　用钻孔延伸杆延伸设备

　　该探测系统能适应各种类型空区的探测，空区自动激光扫描系统的应用包括对采石场、废弃矿区、放矿溜井、矿柱回收区域、充填区域、筒仓或矿仓、隧道、地下空间、任何不可进入区域的测量和对结构物进行监测。

7.4.1.2　空区激光三维现场探测

　　对洛阳栾川钼业集团有限公司面临的空区问题，运用空区自动激光扫描系统对露天开采境界下覆空区进行了探测。由于经过多年的乱采滥挖，空区分布极其复杂，且空区的原始资料缺乏，这给探测带来了很大的困难。但从地表打入空区的钻孔基本上都是竖直的，能很顺利地延伸扫描探头至空区，同时，钻孔的孔径也完全能满足空区自动激光扫描系统的探测要求。因此，对露天开采境界下覆空区的探测既有困难的一面，也有方便的一面。

　　A　空区探测结果

　　由于三道庄露天矿的空区问题自始至终都伴随着矿山开采，在不同开采水平都有下覆空区严重威胁着矿山安全生产，在此我们只对部分已探测的空区加以说明。表 7-7 为所测空区基本情况。从所测各空区的情况看，随着露天台阶的开采爆破，目前栾川钼矿露天开采境界下覆空区已日益威胁到矿山的安全生产，各种不同深度、不同大小的下覆空区，尤其是那些多层复杂的大型空区，对矿山的危害日益严重。

表 7-7　各台阶所测空区情况表

空区位置	钻孔深度/m	钻孔口下空区高度/m	空区体积/m³
1330 台阶	15.2	4.2	647
1414 台阶	14	2.4	174
1438 台阶-1	29.4	70.3	157078
1438 台阶-2	17.8	8.1	2722
1450 台阶	21	7.8	3198
1462 台阶-1	16	5.9	2177
1462 台阶-2	16	5.4	2087

对空区进行探测后，用空区自动激光扫描系统的数据合成软件和空区建模软件对探测数据进行编辑，并把空区的水平投影图导入矿山各开采阶段 CAD 图，指导矿山安全生产和空区处理。限于篇幅，此处只给出 1438 台阶-1 空区的三维模型和 CAD 中的水平投影，如图 7-12 和图 7-13 所示。

图 7-12　1438 台阶-1 空区三维模型

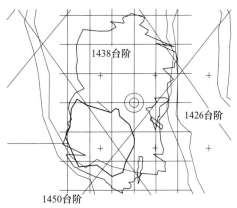

图 7-13　1438 台阶-1 空区水平投影图

B　特殊空区分析

a　1438 台阶-1 特大型空区

1438 台阶由于空区分布极其复杂，空区复合层数较多且开采的水平面积较大，成为矿山公司重点关注的空区地带。该台阶下覆空区对开采的威胁也最大。

通过地面布置的钻孔，对 1438 台阶下覆空区做了详细的探测，基本上摸清了此空区的情况。

为了能给矿山开采设计和空区处理提供更实用的信息，通过在软件中的数据处理，对空区平面图划分网格，标出网格交点处顶板上、下面标高（网格间距根据精度的要求来定，也可以根据需要给出指定点的顶底板标高），来代替在爆破设计中所需要的剖面图，这样可以更好地指导开采设计和空区处理。图 7-14 为在 CAD 中显示网格交点标高 1438 台阶-1 空区平面图。需要说明的是，从探测的原始空区点云数据来看，在所测的三维空区点云数据，有一部分没有扫描到任何数据，考虑到激光探测器的有效距离为 150m（至反射效果较好的表面），结合点云图中扫描到的其他区域的状况，经过分析后推断，该区域极有可能与下部 1384 水平的空区连通。连通部分见图 7-14 中左下方圈定的区域。

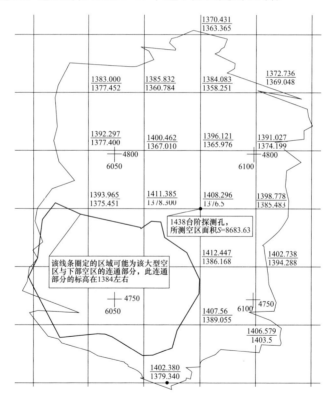

图 7-14　CAD 中标出网格交点标高的 1438 台阶空区平面图

在详细探查 1438 台阶-1 空区后，矿山公司穿爆车间在 1438 大型空区顶板较薄的小部分区域实施爆破，受顶板爆破及其他台阶爆破震动的影响，该大型空区在爆破后部分塌落，爆破后形成巨大的地表塌陷，经实地测量，塌陷区的水平面积达 4900m² 左右，爆破后地表塌陷区域如图 7-15 所示。塌陷后的空区从地表到塌落坑最低处达75m左右，图7-16（a）为爆破后塌陷空区状况。对塌陷后的空区进行勘察后发现，该特大型空区顶板中有小型空区和巷道穿插其中，从图7-16（b）中可以清楚地看到，这与在1438台阶其他钻孔探测得到的小型空区和巷道一致，在1438台阶-1空区水平投影图中有体现。

图7-15　爆破后1438台阶-1空区地表塌陷区域

（a）　　　　　　　　　　　　　　　（b）

图7-16　爆破后1438台阶-1空区塌陷状况

受随后台阶爆破的影响，该塌落区正在不断扩大。因此，预先对1438台阶处大型盲空区成功精确的探测，为矿山的安全生产提供了详细可靠的空区数据，保证了矿山的开采进度，极其成功地预防了重大安全事故的发生。

同时，为了进一步验证空区自动激光扫描系统的准确性，通过1438台阶-1各钻孔用测绳实测了下覆空区钻孔处的高度，然后在数据处理软件中量测了相应位置空区的高度，两组数据对比见表7-8。从表中可以看出，在各钻孔实测的空区高度与在软件中量测的高度相差不大，激光三维扫描能满足对空区精确的三维探测，同时也应该相信激光三维探测的结果更准确、更可靠。

表 7-8　各钻孔实测空区高度与软件中量测高度对照表

钻孔编号	实测高度/m	软件中量测高度/m
钻孔 1	31.7	31.85
钻孔 2	23.3	23.14
钻孔 3	22.5	22.58
钻孔 4	28.4	28.57
钻孔 5	26.4	25.81
钻孔 6	29.3	29.26
钻孔 7	14.8	14.92

b　1462 台阶空区

此外，1462 台阶曾由于下覆空区引起局部塌陷，根据实际情况布置了探测孔。通过地表的两个探测孔对空区进行了探测，分析探测的激光点云数据可知，空区各处高度相差不大，但空区纵横交错、相当复杂，再加上空区中的矿柱、塌陷的阻挡，使完整探测该处空区难度加大。从图 7-17 中可以看出，两个空区都与其他空区连通，少量探测孔不能满足对该空区的完整探测。为此，我们边探测边布置钻孔以求探明该台阶下覆空区的详细状况，然后把各钻孔探测的数据整合，图 7-18 为通过多个钻孔探测所得的空区平面图，处于安全原因，未在塌陷区周围布置钻孔进行探测。

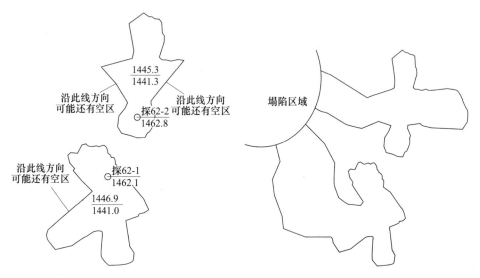

图 7-17　1438 台阶-1 空区三维模型　　　　图 7-18　1438 台阶-1 空区水平投影图

7.4.2　基于激光三维探测数据的空区顶板稳定性分析

以往运用数值分析软件对空区进行应力计算和稳定性分析都基于假定的或不准确的空区模型，没有用到真实、准确的空区三维模型进行分析，因此，这样分析得到的结果往往不能反映空区更真实的状况。在用激光三维探测设备通过地表钻孔对露天开采境界下覆空区进行详细三维探测的基础上，运用探测所得的激光点云数据在 Surpac 中建立块体模型，通过分析 Surpac 和 FLAC³ᴰ 的数据格式，完成两个软件之间数据耦合研究，编制相应的程序，把 Surpac 中的块体模型转换成 FLAC³ᴰ 所认可的数据格式。用这种真实的模型取代以往数值模拟中构建的虚拟模型进行空区静力计算和稳定性分析，以此得到更准确、真实的空区状况，为矿山安全生产提供可靠的数据。

7.4.2.1　探测的大型复杂空区的 FLAC³ᴰ 稳定性分析

A　数据分析及转换

从探测所得空区资料来看，1438 台阶空区由于体积大、跨度大、情况复杂，对台阶开采产生极大的威胁，针对该空区，用激光三维探测数据在 Surpac 中建立块体模型，应用编制的数据转换程序，转换数据在 FLAC³ᴰ 中建模，进行空区稳定性分析。用激光三维扫描所得空区表面模型作为围岩的内部边界面，图 7-19（a）为 1438 台阶特大型空区激光三维探测点云图。根据空区对围岩的影响范围确定围岩的外部边界，在 Surpac 中生成与实际空区情况一致的三维块体模型，如图 7-19（b）所示。

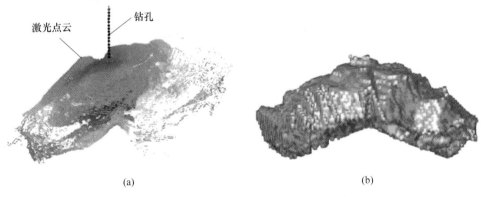

（a）　　　　　　　　　　　　　　　　　　（b）

图 7-19　1438 台阶空区激光探测三维图

（a）三维点云图；（b）Surpac 中建立的模型

根据计算要求的精度在内部边界处细分块体单元，从而生成所需的 Surpac 三维块体模型。所建块体模型边界范围为：$X_{min} = 6000$，$X_{max} = 6130$；$Y_{min} = 4700$，

$Y_{max} = 4850$；$Z_{min} = 1340$，$Z_{max} = 1430$。空区网格生成后，应用前面所编制的程序进行数据转换，模型的 FLAC^{3D} 剖分网格如图 7-20 所示。该模型共有 99910 个单元和 944304 个节点，边界条件采用位移边界条件，即模型的左右（X 方向）边界、前后（Y 方向）边界和底边界均施加位移约束条件，上边界为自由边界。

图 7-20　导入 FLAC^{3D} 中的计算模型

B　物理参数选取

三道庄矿岩稳固，岩石硬度系数一般在 14 以上。通过现场取样，对取样岩石进行了力学性能测试，在计算时对试验室所得的岩石力学试验数据进行分析并作适当的工程折减（图 7-20）。本次数值计算用的矿岩物理力学参数见表 7-9。在 FLAC^{3D} 计算中，岩体变形参数采用的是体积模量（K）和剪切模量（G）。因此，必须将弹性模量（或变形模量）（E）和泊松比（μ）转化成体积模量（K）和剪切模量（G），转化公式如下：

$$K = \frac{E}{3(1 - 2\mu)}$$

$$G = \frac{E}{2(1 + \mu)} \tag{7-11}$$

表 7-9　三道庄露天矿矿岩物理力学参数表

岩石名称	平均取样高度/m	泊松比 μ	风干容重/g·cm^{-3}	总孔隙率/%	平均抗剪强度/MPa	平均抗压强度/MPa	平均抗拉强度/MPa	内摩擦角/(°)	黏结力/MPa
大理岩	1342	0.22	3.06	1.1	33.96	221.55	1.62	34.1	15.7
矽卡岩	1310	0.19	3.43	4.8	29.94	159.85	2.66	37.7	24.9
硅灰石角岩	1400	0.20	3.19	6.1	32.50	160.00	2.24	39.4	31.5

C 计算结果分析

采用摩尔-库仑准则对所建模型进行计算,并对模型赋予表 7-9 中的物理力学参数,对模型进行初始平衡状态计算,并对模型中的最大不平衡力及空区顶板地表中心处的 Z 方向位移进行监测。

计算完成后,根据最大不平衡力图(图 7-21)与节点(6066,4775,1430)处的 Z 方向位移图(图 7-22)可知,模型内各单元内的不平衡力趋近于 0,表明模型内部力达到平衡状态;通过观察节点(6066,4775,1430)处的 Z 方向位移图可知,该节点处位移趋近于恒定值,表明该处地表运动停止,达到稳定状态。

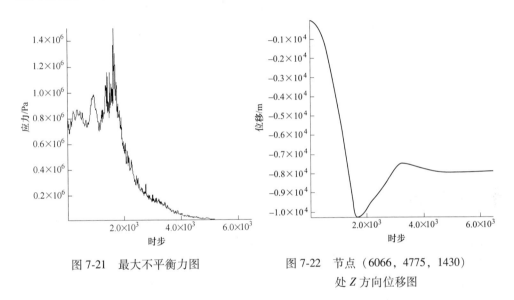

图 7-21 最大不平衡力图

图 7-22 节点(6066,4775,1430)处 Z 方向位移图

图 7-23 为空区模型的 Z 方向位移云图(为使视图清晰,图中截取一切片显示)。最大位移出现在空区上边界,初始平衡状态下围岩最大位移量大约为

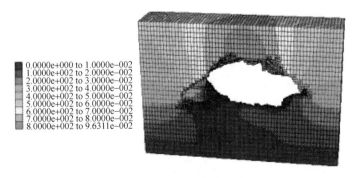

图 7-23 Z 方向位移云图

0.086m，最大位移发生在顶板上方围岩处。图 7-24 为空区模型的 Z 方向应力云图（为使视图清晰，图中截取一切片显示），可以看出，由于空区的存在使空区围岩发生应力的重新分布，空区正上方部分围岩和顶板底部出现较大的拉应力，空区边界由于应力集中产生较大的压应力，该计算结果与实际情况相符。围岩中最大拉应力为 1.52MPa，应力集中区最大压应力为 12.37MPa。小于岩体的抗拉、抗压强度，因而空区上方围岩将不会发生拉裂破坏。

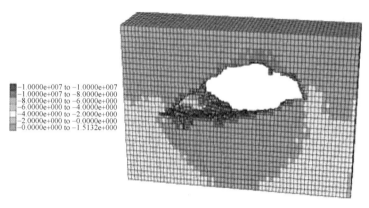

图 7-24　Z 方向应力云图

　　通过上述分析计算可知，顶板出现的拉应力和沉降不会导致空区塌陷，此空区目前处于稳定状态。但由于顶板围岩最大拉应力已与岩体的抗拉强度相差不大，该空区还是相当危险的，应尽量减少空区上方各种机械作业及人员工作和通行，以避免空区突然塌陷造成安全事故，同时应尽快对空区进行消空处理，以免频繁的爆破和机械振动造成空区塌陷。此外，由于空区面积、体积都很大，在消空处理时，顶板围岩塌落引起强冲击载荷和冲击波，会对附近的空区和下部与其连通的空区造成影响，应根据探测所得数据充分考虑这点。

7.4.2.2　空区群稳定性的 MIDAS 数值计算

A　空区三维可计算模型的建立

　　依据三维空间几何形态划分为三维空间的点、线、面或体四种不同的几何形态类型。任一几何形态又由若干个点、线、面几何元素构成，面由若干的线和点构成，每条线至少包含两个以上的点，在线与线、线与点之间联结三角网就形成了面。每个子体对象由若干个面圈定范围，所有子体组合成空区三维实体模型。

　　根据矿区原始资料，矿山对矿体的开采都是分多个水平进行开采的，三道庄钼矿也不例外，为了详细地了解老空区在各个水平的分布情况及各水平老空区之间的空间位置关系，利用原始 CAD 资料建立起各水平空区的三维实体模型。在三维的坐标网中，通过可视化的空区实体，能够清晰地看到每个水平老空区的空间形态及其分布情况；此外，还整合了上面建立的矿区地表模型，利用空间投影并辅以调整实体模型的透明度，就可以使矿山工作人员清晰地了解各台阶下覆空区在三维空间上的位置关系，空区空间位置及空间形态的准确定位为数值计算的准确性和可靠性提供了保障，为开采设计及施工提供了参考依据。

B 建立用于生成可计算模型的老空区实体

实体模型是用来描述三维空间的物体，实体不仅仅描述物体的轮廓，它还具备以下功能：快速计算体积和表面积；任意方位的切割剖面；可用于空间的约束，如内、外约束；体之间、体与面之间可进行并、交、差运算；与地质数据库相交等。三维实体模型由一系列在线上的点，连成内外不通透的三角网，这些三角网在平面视图中，肯定有交叠，但在三维空间内，任何两个三角面之间不能有交叉、重叠，任何一个三角面的边必须有相邻的三角面，任何三角面的三个顶点，必须依附在有效的点上，否则实体是开放的或无效的。

利用矿山公司提供的原始老空区平面图，在 AutoCAD 中根据空区各处顶底板的标高不同赋予不同高程，建立起各水平老空区的三维线框模型，检查线串的封闭性、重复性，并整体炸开，保存成能够导入 MIDAS 软件的 .DXF 格式文件，其后，将 CAD 三维线串导入 MIDAS 软件，并进行线段合并处理，或整合成单一完整闭合线或生成线组，然后利用曲面生成工具生成顶底板曲面，挖掉内部矿柱部分，最后输入空区的高度，通过沿 Z 轴扩展的方式生成空区实体。如图 7-25 和图 7-26 所示。

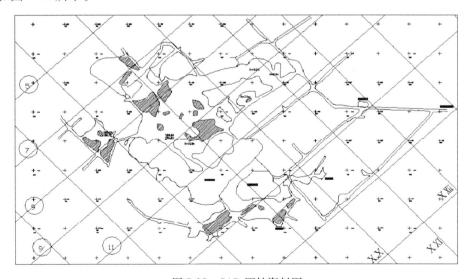

图 7-25 CAD 原始资料图

利用以上处理流程，并将上下通透的空区实体模型进行布尔差集、并集以及交集运算，生成空间上相交连的空区实体。此外，由于各水平巷道繁多，增加数值计算模型建模难度及计算量，且对数值分析结果影响甚微，故在建立有限元数值计算模型的过程中将该部分省略，得到的矿区内各水平老空区三维可视化总体模型如图 7-27~图 7-29 所示。

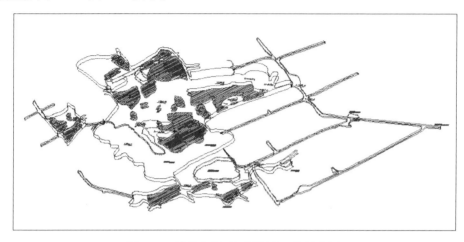

图 7-26　赋予高程后拓展线串三维线串图

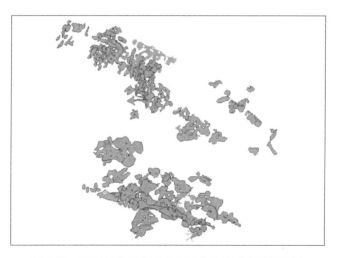

图 7-27　MIDAS 中各水平老空区实体模型水平投影图

此空区建模除部分资料不详细未处理除外，基本囊括了各水平所有空区，包括 1180 水平至 1462 水平共 58 个水平，并在附加地表模型后除去了已处理水平的空区，共建立空区实体 132 个，如图 7-28 所示。

　　C　矿区总体模型的建立

为了生成用于稳定性计算的总体有限元计算模型，首先必须建立既能反映真实地表形态又能囊括以上生成的所有空区实体的边界模型，进而将独立的整体实

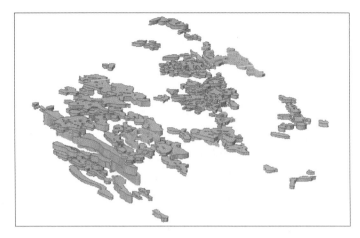

图 7-28 MIDAS 软件中生成的 132 个空区实体

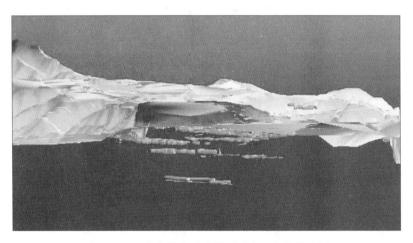

图 7-29 三道庄数字地形模型及空区实体整合图

体模型与 132 个空区实体耦合，形成空区内部为空，且真实反映出空区周边围岩的单一实体模型。在 MIDAS 软件中，充分体现了该项前处理操作的便利性。首先导入在地形生成器中建立的数字地形模型，同时显示次前生成的 132 个空区实体，在此基础上，根据计算空间范围的要求，定义出总体模型的原点及相应边界尺寸。基于空区所处位置及圣维南边界原理，通过计算，最终确定出总体模型的原点坐标为（5400，4510，1670），尺寸为：长度 1290m，宽度 1200m，上边界须位于数字地形模型以上，确定从总体模型原点以上取 600m，建立箱形模型（图 7-30）。其后，为了能够反映地表形态，利用软件中的修建实体工具进行布尔剪运算，剪除位于地表曲面以上部分实体（图 7-31），最后生成需要计算部分的总体模型（图 7-32 和图 7-33）。

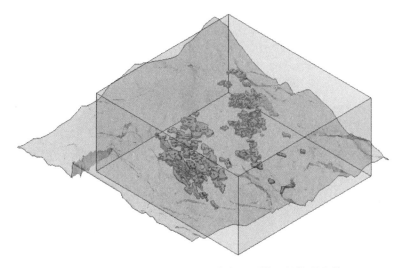

图 7-30 生成包含全部空区及数字地形模型的箱形实体

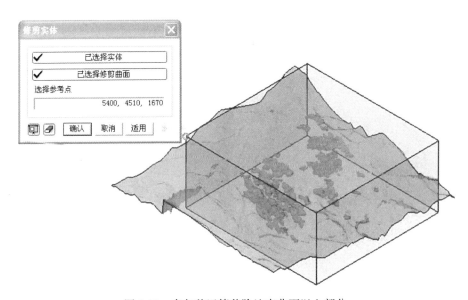

图 7-31 布尔剪运算剪除地表曲面以上部分

由于所生成的计算部分总体模型与之前生成的空区实体分别属于独立部分，必须将空区实体镶嵌入计算部分的总体模型，在总体模型内部形成空区，为此需要将空区实体在总体模型中剪除，该步操作也属于布尔剪操作，将 132 个空区实体分别嵌入。

将独立的空区实体分别镶嵌到总体模型之中，被嵌入空区的围岩与总体模型成为一体，且围岩具有空区轮廓边界，如图 7-34 和图 7-35 所示。

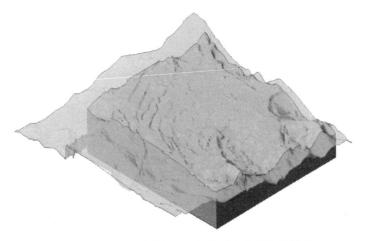

图 7-32　剪除地表曲面以上部分后生成的总体模型

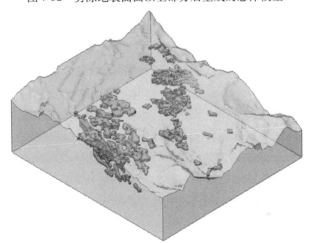

图 7-33　具有真实地表形态包含所有空区的总体模型

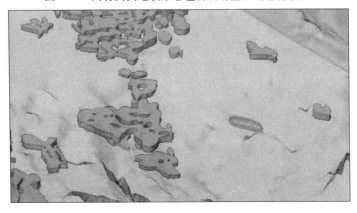

图 7-34　单个空区（1278 水平）嵌入后空区围岩的部分模型

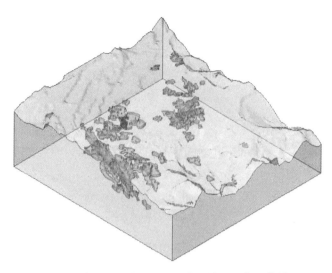

图 7-35　嵌入 132 个空区后形成的单一岩体总体模型

D　模型有限元网格划分

岩土的有限元分析模型包括节点、单元、边界条件。节点决定模型的位置，单元决定模型形状和材料特性，边界条件决定连接状态。岩土分析就是为了分析岩土及岩土连接的结构在荷载作用下的反应。成功的岩土分析需要真实模拟岩土的特性和外部条件。这是因为岩土材料特性、地下水以及地形等因素的不确定性，对这些因素的模拟的准确性会对分析结果影响较大。

建立数值分析模型、划分网格时主要考虑的事项有：

决定节点位置时，主要考虑结构的几何形状、使用材料、截面类型、荷载状态等因素，需要建立节点的位置有：需要输入分析结果的位置、需要输入荷载的位置、刚度变化的位置、材料变化的位置、应力变化较大的位置、岩土边界位置以及岩土或结构形状变化的位置。另外应该根据分析的目的选择单元的类型以及确定模型的范围。在设计中如果关心的是位移，则应该将单元尺寸建的大一些；如果关心的是应力或支护的内力，则应该将模型单元细分一些。面单元和实体单元受单元大小、形状、分布的影响，所以对应力变化较大或需要精确解的位置应细分单元（如模型内部的空区部分），细分单元时事先考虑可能的应力分布形态，随着应力等值线细分单元会更好。

一般来说，对于我们的模型，需要细分单元的位置有：几何不连续位置、荷载变化较大的位置，特别是有较大应力集中荷载作用的位置、刚度和特性值变化的位置、不规则边界位置、可能发生应力集中位置以及需要精确的单元应力和内力结果的位置。

决定单元的大小和形状时应考虑的事项有：单元的尺寸和形状尽量一致；在需要单元尺寸变化的位置，大小的变化应尽量按对数分布变化；相邻单元的尺寸差异要小于1/2；计算应力用的单元尽量选用四节点的面单元或八节点的实体单元，单元的形状比最好是1∶1，且不要超过1∶4。以计算位移为目的时，单元的形状比不要超过1∶10；理想的角部角度单元面是四面体时为90°，三角形时为60°、不可避免的情况，角部角度单元面是四边形时尽可能在45°~135°之间，三角形时尽可能在30°~150°之间；面单元的节点应尽量在同一平面内，不在同一平面内的高度差尽量不要超过1/100。

首先在MIDAS软件主程序中打开嵌入所有空区且具有矿区地貌的总体模型，并以渲染方式显示模型，调出主菜单中网格的下拉菜单，显示自动/映射网格工具条，点击网格面尺寸工具，选择地表曲面作为播种面进行面播种，在面播种过程中须对尺寸进行控制，也称为播种，是指在对象形状上生成网格时事先指定的单元分割个数。为了在起伏变化较大的地表上生成能够反映出台阶变化的网格，得到更精确的分析结果，将单元大小指定为4m。利用显示网格播种信息命令可以查看应用到地表曲面边界形状上的网格尺寸信息。此时在对象形状上会用红色点显示生成节点的位置（图7-36）。而且利用选项指定隐藏网格种子的话在画面上就会不显示网格种子信息。

图7-36　在地表曲面上按单元尺寸进行面播种划分网格

接下来，在空区总体模型的四条边界线上进行网格尺寸控制，即利用网格线尺寸控制工具，将边界线通过控制的尺寸（15m）分割成若干节点（图7-37），作为边界线上单元的尺寸。此外，还需要在总体模型内部的空区轮廓线对轮廓线上的节点进行细分，细分的方式同样是通过网格线尺寸控制工具来划分空区轮廓线上的单元节点（图7-38），单元节点间的间距为1m，此步操作的目的在于为了得到更加精确的分析结果，如应力、应变以及位移值等。

图7-37　通过网格线尺寸控制对边界线进行线播种

图7-38　通过网格线尺寸控制对空区边界线进行线播种

为了生成渐变式的单元大小，按照从空区边界至远离空区边界的围岩处逐渐放大的方式来划分单元，为此，选用软件中的实体网格自动划分功能。在自动生成三维网格的过程中，可以使用的网格划分方法有循环网格法、栅格网格法、德劳内网格法。当生成不恰当的网格形状时可自动更换网格划分方法后重新生成网格。在实体自动划分网格对话框里所输入的网格大小只适用于没有应用指定网格尺寸控制的线。所以在上一阶段里将网格大小指定为 4m 和 15m 的线将按照各自指定的大小生成网格，其他部分主要按照自动划分尺寸（该模型中为 40m）。使用自适应网格选项时，网格单元无法准确模拟曲率的部分，此时程序会自动为生成精确的网格而播种（图 7-39）。如果使用手动分割功能，可以通过利用鼠标的滑轮或者键盘的上／下按钮在模型窗口上动态地指定网格的分割个数。如果使用合并节点功能，在生成网格的过程中若在同一位置上生成节点，程序会自动将两节点合并成一个。最后将总体模型划分成四面体单元后的有限元网格如图 7-40 和图 7-41 所示。

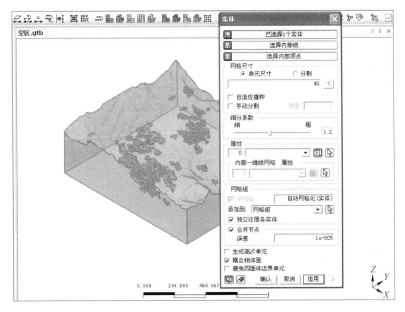

图 7-39　通过自动网格划分对空区围岩进行网格划分

总体模型划分网格后所得的有限元四面体网格模型，保留了先前实体模型的特征线，从而使计算模型具有完全的真实性，也保证了数值计算的准确性和可靠性。特征线模型如图 7-42 所示。

生成三维网格后，虽然从视觉上感觉实体的邻近面是一致的，但是如果邻近面的形状不一致，那么程序生成网格时也无法自动保证节点耦合。所以在本项目这样的模型里有很多实体彼此相邻且必须节点耦合时，在生成网格后利用检查自由面来确认是否存在自由面。经过检查，模型内部空区边界处与围岩之间不存在自由面的情况，此处不再累述。

图 7-40　总体模型划分网格后所得有限元四面体网格模型

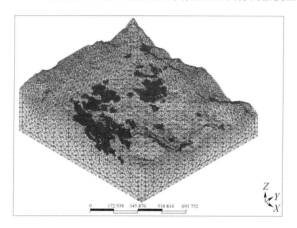

图 7-41　总体模型划分网格后透视网格模型

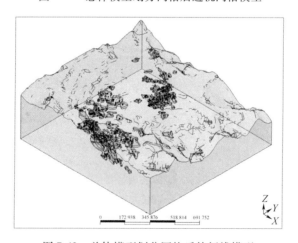

图 7-42　总体模型划分网格后特征线模型

E 空区稳定性数值计算

在有限元网格划分完成之后，标志着空区稳定性数值计算的前处理部分完成，其后进入后处理部分，后处理部分的主要工作是按照地质勘探数据生成岩性曲面，界定不同岩性所属的模型部分，尤其是在断层和破碎带部分，其力学参数直接影响空区围岩的稳定性；在此基础上对有限元模型添加现场实测的岩石力学参数，包括弹性模量、泊松比、容重、饱和容重、黏聚力、膨胀角、抗拉强度、初始应力参数以及本构模型等；接下来按照矿区地压资料等对模型赋予边界条件。以上操作完成之后，便可对模型进行数值计算，该项目的模型相对较大，尤其是在对空区周边附近围岩进行计算时计算量十分庞大。最后根据计算所得结果，便可借助三维可视化的功能直观对空区的应力、应变以及位移进行观察，从而分析各个空区所处的稳定性状态。

a 对模型进行力学属性赋值

用表 7-4 中的岩石力学参数对本次模型进行力学属性赋值。三道庄矿岩稳固，岩石硬度较大，f 系数一般为 14 以上。

在模型中根据岩性的不同赋予不同力学参数，主要涉及的力学参数有弹性模量、泊松比、容重、饱和容重、黏聚力、膨胀角、抗拉强度、初始应力参数以及本构模型。该模型的计算选用了常用的莫尔-库仑准则。据此便可以对有限元模型的不同岩体性质部分，包括破碎带和断层等赋予不同的力学参数，方法如图 7-43 所示，此处不再累述。

图 7-43 在有限元模型中对不同岩性部分的网格特性赋予不同力学参数

　　b　给定模型边界条件

　　由于模型较大，且考虑了圣维南原理，从模型的三视图可以看出，模型边界对空区的稳定性计算达到了计算所需距离，因此在给定模型边界条件时，只考虑构造应力即可。

　　在对模型边界进行约束过程中，首先对模型沿 X 轴的前后两个面赋予边界条件，前一面 677 个节点，后一面 816 个节点，如图 7-44 所示；之后对模型沿 Y 轴方向的两个面进行约束，分别为 864 个节点和 679 个节点，如图 7-45 所示；最后对网格模型的底面进行约束，约束面上共 1023 个节点。

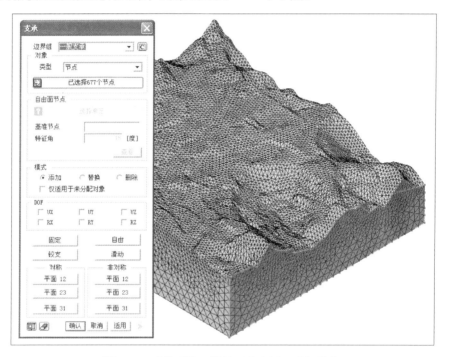

图 7-44　对模型沿 X 轴的两个边界面进行约束

　　c　对模型施加荷载及设定计算方式

　　在对模型进行力学属性赋值，并施加边界约束之后，将要对模型所承受的荷载进行设定。由于本模型是在原有存在空区的基础之上，在重力的作用下分析空区围岩的稳定性，故只考虑在重力场的作用下，空区围岩的应力、应变以及位移等数据。

　　对于将要对模型设定的计算方式则主要是激活当前对模型赋予的岩石力学参数、本构模型、边界条件及约束和对模型施加的荷载情况，在激活上述条件后，就可以对模型进行数值计算，在这里，荷载情况是自重应力，故沿 Z 轴设定参数为-1（图 7-46），并激活所要计算的有限元网格，该网格为我们之前通过自动划分实体的方式获得的网格组，如图 7-47 所示。

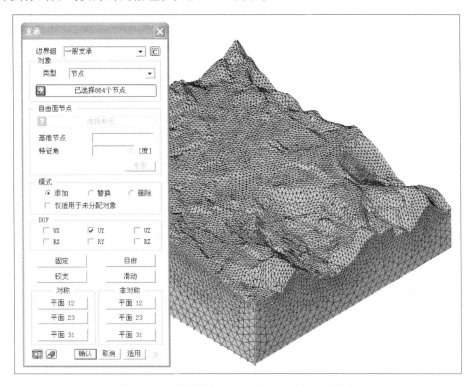

图 7-45 对模型沿 Y 轴的两个边界面进行约束

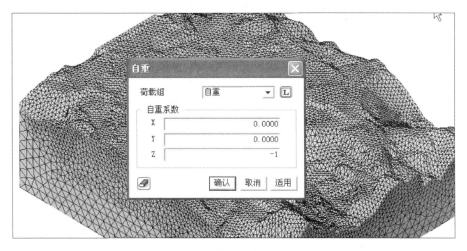

图 7-46 对模型施加自重荷载

接下来，在程序中便可对模型进行数值计算。

图 7-47　设定模型计算方式

F　模型总体响应及计算结果云图

首先，在前面施加边界条件后，边界的响应情况，分别如图 7-48 所示。

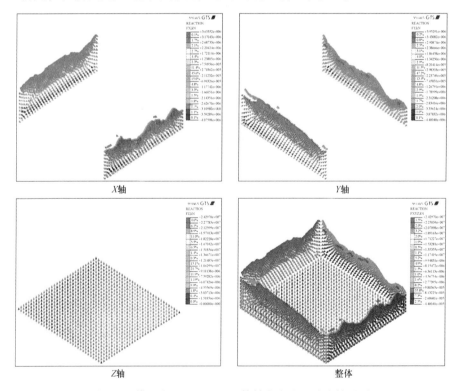

图 7-48　模型在 X、Y、Z、整体轴方向边界响应情况图

接下来，总体模型的计算结果云图如图 7-49~图 7-51 所示。

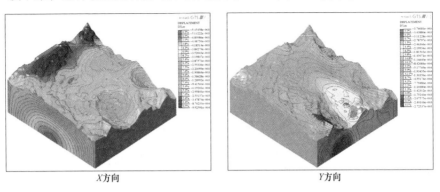

X方向   Y方向

图 7-49 总体模型 X、Y 方向位移等值线图

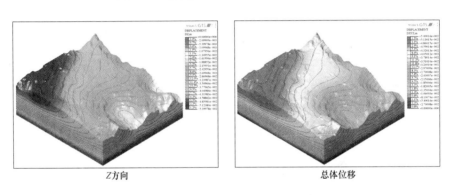

Z方向   总体位移

图 7-50 总体模型 Z 方向、总体位移等值线图

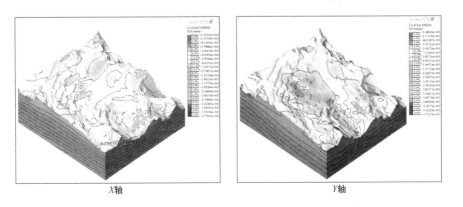

X轴   Y轴

图 7-51 总体模型 X、Y 方向应力等值线图

这样，通过矿区总体模型的数值计算，就可以大致圈定危险区域，以此确定重点关注的空区带，必要时对危险区域拉设警戒。

参 考 文 献

[1] 张世雄. 矿物资源开发工程 [M]. 武汉：武汉工业大学出版社，2000.

[2] 解世俊. 金属矿床地下开采 [M]. 北京：冶金工业出版社，1986.

[3] 杨殿. 金属矿床地下开采 [M]. 长沙：中南工业大学出版社，1999.

[4] 王青，史维祥. 采矿学 [M]. 北京：冶金工业出版社，2001.

[5] 古德生，李夕兵. 现代金属矿床开采科学技术 [M]. 北京：冶金工业出版社，2006.

[6] 卢宏建，李示波、李占金. 动态开挖扰动下采空区围岩稳定性分析与监测 [M]. 北京：冶金工业出版社，2017.

[7] 郑怀昌，李明，刘志河，张晓君. 石膏矿采空区安全控制 [M]. 北京：化学工业出版社，2019.

[8] 付建新. 硬岩矿山采空区损伤失稳机制与稳定性控制技术 [M]. 北京：冶金工业出版社，2016.

[9] 张海波，宋卫东. 金属矿山采空区稳定性分析与治理 [M]. 北京：冶金工业出版社，2014.

[10] 煤炭科学研究总院西安研究院. 深部矿井灾害源探测实践 [M]. 北京：煤炭工业出版社，2008.